这是个非常不可思议的故事，

你不必听信我的言语，

只需将它应用到现实生活当中，

亲自判断它是否有效。

献给我的诸位恩师；

献给弗洛；

献给拉法埃尔、塞西尔、缇波、缇图安；

献给迪迪埃、迪厄多、法布里斯、弗兰奇。

序　言

亲爱的读者朋友，恭喜你翻开这本书。不知道你是否想过这本书有哪些地方吸引你？也许你喜欢它的书名，也许书的封面你觉得很好看，这些都有可能。但有一点可以确定：你只要翻开这本书，就会被里面的故事所吸引。

书里的故事在法国流传很广，因为它在幽默和搞笑的同时，还向我们揭示了真正的做人智慧。此外，本书具有很强的实用性，可以算是一堂倾听、表达、感受自己和他人情感的训练课，相信这堂课会让你收获颇丰。

为什么沟通会成为人际关系中的大难题？

因为在人类的认知天性中，从“我”到“你”，间隔着三重大山：偏见、情绪和行为。

释一行禅师曾经说过：成为自己生活的艺术家。生活的艺术，某种意义上也可以理解为做人的艺术。所谓做人的艺术，并不是逢年过节送个礼，见面时说话保持分寸就够了。

真正决定人际关系质量的是一种能力：在面临矛盾冲突时，你是否有能力维持友谊的小船，让它不要说翻就翻。

怎样才能掌握这种能力呢？

相比大家所熟知的“非暴力沟通”，本书更进一层，提出“自他交换”的概念。“自他交换”不仅是一种沟通方法，更是一种高维度的内在视角。通过“自他交换”，我们在遇到人际冲突或危机时，可以借机提升内在自我，从超越偏见和情绪的视角，洞察对方内在的真实需求，从而化解冲突，收获双赢乃至多赢的好关系。

实现这一切，需要先从体验开始。本书作者用他独有的方式，把心理知识故事化，演示如何跨越从“我”到“你”的三重山，引导我们逐步进入“自他交换”的境界，体验“自他交换”的美好和力量。体验即将结束时，作者在书的末尾总结了实现“自他交换”的具体方法。这些方法简单实用，甚至可以作为座右铭，常记常用，可以让人心智变得更加成熟，更能认清人性的规律，深入地理解自己和他人的关系，成为一个能够走进他人内心的人。

道·恩基姆修女和苏·恩基姆·杜·德·梅尼耶修女

目 录

一

序　幕

蓝王国，红王国

从前有两个国王。

一位是蓝国王。他统治着一群奇怪的臣民：每个人的脚底板都是蓝色的。人们猜测，或许是土地中蓝色的泥土，几个世纪以来一点一点将大家的脚底染成了蓝色。要么就是人们蓝色的脚底板，一步一步地把土地染成了蓝色。但究竟是怎么一回事，谁也说不清楚。

另一位是红国王，他所统治的土地闪着一片红光。几个世纪过去，土地上漂亮的红色也跑到了人们的脚底板上。当然，也有可能是人们脚上的颜色跑到了这片土地上。

红王国紧挨着蓝王国：他们的国境线仅仅是一条名叫“奥士茵蔚”的大河。在这片干旱的土地上，这条河为两国的农民提供了最宝贵的财富：那就是灌溉农田时必不可少的河水。

两国人民很少来往。人们都喜欢待在自己的国家，因为过河是件很危险的事情，更何况这条河流已经足以让两国人民自给自足。尽管如此，两个国家的人民却都在好奇：住在对面那群和我们脚底板颜色不一样的人，过着怎样的生活呢？

有时候，人们在夜里围着火堆，也会聊起几个世纪以前的事儿，据说那时候，一场可怕的战争使两国对立起来。但谁也不知道这是不是真的。不过，两国的人民都还不至于傻到去相信这些老掉牙的故事。

于是，红王国和蓝王国的人民在河的两边相安无事地生活着，都不太关心对岸的情况。

灾难来了

一天，一场灾难降临在了蓝王国。

那天深夜，旁边的一座山上发生了大地震，使宝贵的河水偏离了河道。河里的水只剩下了原来的一半，而且新的河道比原先偏出了几百米，全流到了红王国境内。

蓝王国一下子失去了整条河流和其中的河水。

得到消息以后，蓝国王立马赶到现场。他发现自己的全部子民都已聚集在了那里，个个一脸颓废，神色惊恐，国王被这灾后的场面吓呆了。大家一言不发，只有孩子们在哇哇大哭。连鸟儿都停止了歌唱。

原来的河床仍旧清晰可见，深深的沟壑如今空空如也。只剩下黏糊糊、臭烘烘的淤泥在河底堆了厚厚一层，几乎断绝了前往河对岸的通道。

于是蓝国王说道："我亲爱的子民们，如今形势危急。待我返回王宫，给红国王去信一封，请求他允许我们前去取水。数百年来，我们两国共饮一河水，双方相安无事，我想他一定不会拒绝我们的。另外，一支取水队即日启程。最近的取水点三天就可以到达，我们储备的水源还是足以支撑到他们返回的。让我们把盛水的家伙都收集起来，交给取水队！”

在新河道的另一边，红王国的人民也聚集了起来，传出阵阵欢呼喝彩——他们看上去似乎对这番情景相当满意。

可以看到，有一些人跑到水流较小的地方垒起了地基，看起来像是要架起一座桥。

蓝国王或许猜得不错：红王国的人们已经有所行动，准备伸出援手。蓝王国的人们稍稍放心了一些，大家要么返回家中，要么继续开始工作。只剩下几个人准备出发取水，和另几个人在盘算着怎么越过黏糊糊的旧河床。

——他们得做足准备，好等着红国王下令放行。

蓝国王的请求

蓝国王回到皇宫以后，召见了首相。蓝国王说道：“我要立即写一封信送去给红国王。快给我把全国最好的信鸽准备好。”

国王走进议事厅，坐在了那张巨大的书桌前——他平时都是在这里撰写公文的。蓝国王下笔写道：

尊敬的红国王，我亲爱的邻居，

您最近一切都很顺利吧！

我很高兴，这么久以来我们两国保持着和平互利的邦交关系。尊重与合作是我们两国几个世纪以来睦邻友好的基石，我希望这种关系能够继续长期保持下去。

为此，我需要向您提出一个请求。相信您一定注意到了，今晚，附近的山上发生了地震，它改变了“奥士茵蔚”河的流向。从此以后，河水都向西流去了，我们失去了生命之源，就没法完成耕种了。

当然，我们也可以到别的地方去寻找水源，但是，“奥士茵蔚”河里的水源是那么的充足、清澈、甘甜，实在让人难以割舍。

因此，如果您能批准我国百姓去往新的河岸上取水，我必定会感激不尽。

尊敬的红国王，我在此对您的理解提前表示感谢，也请您接受我最诚挚的问候。

落笔之后，蓝国王洋洋自得，他的请求信行文简单，又不失礼节，且采了一种平等的语气与红国王对话。最值得注意的是，他巧妙地避开了一个敏感的话题，并没有承认两国边界线保持不变——这可以为以后的交涉留有余地。总之，蓝国王自认为这封信展现出了他卓越的外交风范。

红国王的拒绝

短短两天之后，蓝国王就收到了红国王的答复。蓝国王让首相大声地朗读这封回信：

亲爱的蓝国王，我敬爱的邻居：

在现今的艰难境况下，我希望您那边一切顺利。

正如您所说：我们两国的关系一向是平安和谐的。

所以您大可放心，我会尽一切努力，维持我们现今的良好邦交。

听到这里，蓝国王安心地舒了一口气。

“我早就说了：我们的邻居是非常友善的！”

首相表示赞同，继续朗读红国王的信：

然而对于让您的人民来到我国领土上这个提议，很遗憾，我不能同意。

蓝国王站起来，惊呆了。他的脸一下子全红了。

“什么？不同意？”他大喊，“他还说了什么？”

首相接着朗读道：

您或许也注意到了，如今河水比从前少了一半。我们担心水源无法满足灌溉的需要，尤其是在旱季。我很开心获知您的国家还有其他获取水源的途径。我很乐意通过别的方式帮助您。

尊敬的蓝国王，我向您保证，我们会在精神上支持您。

此致

敬礼

“这简直难以置信！”蓝国王大怒，“他们要眼睁睁看我们渴死，甚至不愿意伸出一只小拇指帮助我们！”

首相试图平息国王的怒火：

“陛下，他可能只是还不理解我国面对多么严峻的形势。我们得再给他写一封信，更直接地向他解释我们的需求，告诉他他搞错了：那些水够每个人使用。”

“您说的有道理。我会更直接地告诉他的。”

于是蓝国王钻进自己的办公室，开始写信。

谈判

一个小时以后，蓝国王手里拿着另外一封写好的信，走出了议事厅。他召见了首相。

“我相信这次我说得足够清楚了。你来听听。”蓝国王高声读了起来：

尊敬的红国王，我亲爱的邻居：

上次我可能没有表达清楚我的意思，我在此请求您的原谅。

其实，我们并没有找到其他水源。离我们最近的水源，远在沙漠的另一端，需要走上十天才能到达，而我们每天都需要水来浇灌我们的农田，我的子民和我的牲畜每天都需要饮水。

您在信中提到说“如今河流的长度是原来的一半，河水也比从前少了一半”。但是如果您仔细观察一下，就会发现现在水流的速度变快了，所以水的流量算下来并不比原来少。所以，您的国家是不会缺水的。

国王抬起头，说道：“哼，看他还有什么可说的！”他不禁感叹自己的论据是多么的有力。首相也开心地附和道：“就是，看他还有什么可说的！”

国王继续读道：

最后，我再重申一下我的请求：如果您能批准我国百姓去往新的河岸上取水，我必定会感激不尽。

“棒极了！”首相说道，“我马上让信鸽把这封信送过去。”

两天过去了，红国王迟迟没有回信，也没有派人前来回话，简直是杳无音信。蓝王国贮藏的水资源已经用掉了四分之一。蓝国王无奈之下，不得不下达了限制令：从今以后，菜园的灌溉量、牲畜的饮水量都要减少，每人每周最多只能洗一次澡。

民众们开始忧心起来，渐渐有了微词：国王这是打算要干吗？

最后，令人苦等多时的信鸽终于出现在了皇宫城堡的栏杆上。蓝国王亲自上前取下了回信。他颤颤巍巍地打开了信封，一边读一边往议事厅走，所有的大臣都在那里等候。

信中写道：

尊敬的蓝国王，我亲爱的邻居：

上次可能我也没有表达清楚，我在此请求您的原谅。

河水的流量问题，并不是我拒绝您的唯一理由。

新旧河床之间的区域是我们最肥沃的一块土地，多年以来，我们一直精心耕耘。如果您的百姓每天在此来来往往，一定会影响当地的作物，破坏当地的生态平衡，那样的损失我们很难挽救。

另外，我还担心，一旦允许您的百姓过来取水，那我们两国之间的边界问题就说不清了，我们国家的国土会减少的。您可以料想到，这对于我们国家的领土完整是不利的。尽管我从不怀疑您动机不纯，但是未来的事态会怎样发展，我们谁也说不好。

蓝国王如同挨了当头一棒。不过，他没有就此被吓倒，坚持走到了大臣们的面前。他感到一阵怒火在心中越烧越旺。他颤颤巍巍地走上了通往议事厅的楼梯。

面对着大臣们一张张充满期待的脸庞，国王宣布说："他拒绝让我们过河！"

大臣们无不对此感到错愕……整个屋子里充斥着谴责声。

国王让他们安静下来，说道："事情不会就这样结束的，我要让他知道我的厉害！给我拿笔来，我要会一会这个野蛮的家伙！"

不等坐下，蓝国王伏在一位大臣的背上，一气呵成写完了回信。

国王满意地说：听听我的回信，

红国王：

收到您的来信后，我感到很震惊。

我们认为，我们祖祖辈辈共享这一条河水，因此这条河是我们两国的共同财产，我们对其拥有合法的使用权。

您没有权利阻止我们前去取水。

如果您仍然顽固不化，那我只能向联邦委员会的最高法院提请诉讼了。法院会强制您为我们放行。而您也会因为拒绝我们过河的请求而遭到一笔罚款。

因此，我奉劝您尽快给我们提供一封书面授权书，让我们过河！

议事厅里响起一阵议论。

“立即把这封信送出去！”国王下令说，“让百姓们都准备好。不管对方答不答应，这水我们取定了，去他的！”

第二天，蓝王国收到了红国王的回信。

蓝国王：

真没想到，我的回应会让您如此惊讶。

这河水既不属于我们，也不属于你们。它属于大自然。大自然想把这河水给谁，就给谁。河水的流向是它自己改变的。虽然这让您的国家蒙受损失，但这并不是我们的责任啊。

我向联邦的法律专家征求过意见，他们向我保证说，我的主张具有合法性。如果您求助于最高法院，去申请拥有一条不属于任何人的河流，那么您会受到所有人的嘲笑。您的诉求绝不会带来任何结果，甚至会让您付出高额的诉讼费，而且我还会向法院提出申请，要求您赔偿我们的损失。

“真无耻！”蓝国王读完信吼道，“好啊，那就让他如愿以偿！”他上身趴在自己的大腿上，草草两笔又写完了一封回信，还没来得及读一遍就送了出去。信中写道：

邻居：

我们两国一直以这条河为国境线，我要提醒您一下，我可以向法院提出正当的申请，把新旧河床之间的土地划归我国所有。可我没有这么做，至少目前还没这么做。

当天晚上，红国王回了信：

邻居：

请您注意，如果您打算要走一部分我们的土地，可是要冒很大的风险。我可以以此为理由，向您宣战，您会立即为此付出代价。

蓝国王怒不可遏，随即亲自登上了城堡顶，去信一封：

虚伪的国王陛下：

您这是一种完全不负责任的态度。两国一旦开战，罪过将全部归咎于您。

我从未想过您是如此的没有人性。

您心中的冷漠和狂妄真是举世无双。谁会和您一样，希望去侵略另一个王国呢？您还说别人头脑不清醒，我看最糊涂的人应该是您吧。另外，众所周知，您手上拥有的土地是那么的贫瘠，您国的农民是那么的懒惰和无能。

说起河水的流量问题，四岁的孩子都知道，如果河流的长度减半，流速增加一倍，那么总流量还是不变的。又或许是您故意装傻，因为您想要毁掉我的王国，并趁机吞并我国土地。几个世纪以来，您和您的祖先都觊觎着我国土地。我要警告您的是：我们不会罢休的。我们的军队比您的强多了，您输定了。

不出蓝国王所料，一个小时以后，信鸽衔来了红国王的回信：

龌龊的国王陛下：

本来此事还有回旋的余地，但是您把它毁了。

我们根本不会害怕您的军队。

您的狂妄与自私也是举世无双。您脑子里只有眼前的利益，并且将他人的利益置于脑后。

我想，河流之所以转向，必定是老天爷在惩罚您的好斗和放肆。

换句话说，这是您应得的。

战火

第二天起，人们看到，旧河道的另一侧，红王国的人民开始沿着河岸建造高高的围墙。

蓝国王也立刻命人填平了这一侧的沼泽地，以便人们能走到这城墙脚下。

红国王见状，开始动员本国的军队，并且修起了哨所。

与此同时，蓝国王也召集军队，让他们在城墙脚下集结。

没人记得真正的敌对是由哪方引发的。有人说是一个蓝王国的孩子用弹弓向对面打出了一粒石子，有人说是一个红王国的士兵从城墙上向另一侧扔了胡萝卜皮。

但所有人都记得那场战争有多么残酷。人们争相发挥创造力，试图给予敌方猛烈的打击。

战争持续了三年。

渐渐，两国尸横遍野。每个人都参与到了战争中。

在最后一次主要冲突中，蓝王国的人民大举进攻：他们把敌方的士兵驱逐到了新河岸的另一边，不仅收复了大片失地，还占据了河流两侧的通路。

一段时间之后，蓝王国东山再起，重新繁荣了起来，而战败的红王国则元气大伤，迟迟未能恢复国力。被剥夺了河水使用权的红王国人挖掘了水井，以满足他们最基础的生存所需。战争仍旧是人们惨痛的记忆，但生活还要继续。

当然，对彼此的怀疑和怨恨已经在两国人民心中生根，尤其是红王国的人们。

某一天，由于战争带来的苦难显得尤为清晰，红王国中的某个人在河水中下了毒。

蓝王国中，成百上千的男人、女人和孩子因而患了重病，甚至濒临死亡，其中包括蓝国王的妻子。趁此机会，红国王发起了猛烈的进攻，收复了失去的领土，占领了河流的两岸，将蓝王国人驱赶到了他们最初的领土内。

蓝国王没有再婚。他余下的生命都在孤独和忧郁中度过。爱妻的离世与军队的战败彻底击垮了他，他在自己的宫殿中徘徊，走过一个个房间，反复思索事件的演进。他们是从哪里沦落到如今地步的？赢得了最初的战役后，他们到底得到了什么呢？一小片领土？一条河流？胜利只是片刻的：如今这两样东西他们都失去了。

他看到了灾难多么深重：挚爱的妻子离他而去，人民在苦难中挣扎，边境线上局势紧张，其他国家对他们失去了信任……多么失败！

悔恨和内疚纠缠着他。尤其是，他像着魔般不停地思考：那样平平无奇的不和是如何演变成如此血腥的战争？历史的轨迹在哪里出了偏差？他本该做些什么来避免这场悲剧发生？

在最忧郁的时刻，他会走进宫殿的阁楼，将自己反锁在里面几小时不出来。没人知道他在里面做什么。

一天，蓝国王的儿子奥姆想要知道父亲心中所想。他提前来到了父亲常去的阁楼，在黑漆漆的屋子里等待。一段时间过去，蓝国王走了进来。奥姆藏在幽暗的角落里观察。蓝国王打开一个旧箱子，拿出了一件东西，奥姆认不出那是什么。接着，国王坐在他积满灰尘的皇座上，离奥姆的藏身之处很近。他凝视着自己手中的东西。他看起来很激动，仿佛又陷入到了悲痛的两难境地。突然，他一边长叹一边摇头，站起来重新将东西放回了箱子里。

他父亲一走出房间，奥姆就跑到箱子旁边。他小心翼翼地打开箱子，期待着里面会有什么神奇的东西。但令他失望的是，那里面只有一堆稀奇古怪的破烂：一块纺织品的碎片，奥姆认出了上面有城堡的纹章；一把旧匕首；一柄梳子；一盒火柴和一顶生锈的旧王冠。是哪件东西让他父亲如此痛苦呢？他猜不出来，因为这些东西看起来都太过平平无奇了。

几个月过去，红王国夺回了河流。但是这条河如今变成什么样了呢？河底泥沙中仍然残留着大量毒药，人和动物都无法饮用河里的水。人们甚至不敢用这水来灌溉土地。

两国的人民不得不开始辛苦地挖井来开发地下水。但没人知道这些井里的水还能用多长时间。

水资源的短缺严重影响了两国人民的生活。

曾经肥沃的农田如今变成了干旱贫瘠的土地，难以耕种，收成惨淡。

绝望笼罩了两国人。红王国的人们情况稍好一点，鉴于他们还可以期望，随着时间流逝，河水会重新变得清洁可用。

两位国王都老了，连绵的战火令他们疲惫不堪，持续的紧张局势耗干了他们的精力。他们分别将王位让给了自己的长子。

红国王在他儿子继位的同一天去世。

奥姆接过了使命

不久之后，蓝国王感觉自己大限将至，于是把自己的儿子叫到了床边。

蓝国王对儿子说道："奥姆，我的儿子，我命不久矣。我不忍心就这样抛下你，更不忍心把这样一个混乱的国家交给你。我们挖的井马上就要干涸了，如果你找不到一个解救之策，那我们的国家也就走到头了。"

王子挺起胸膛，说道："父王，自从我登上王位以来，就一直在思考这件事。我打算在邻国组建一支雇佣兵部队，挑拨他们一起去掠夺红王国，并将掠夺的好处一一列出。如此一来，我们的实力占了上风，不必劳民伤财，河水便可重新归我们所有。您意下如何？"

蓝国王说道："唉，当我们兵最强马最壮之时，也曾试图借助武力取胜。但最终换来了什么呢？一场长达三年的战争，使得两国损兵折将成百上千，山河破碎，河水也被投了毒。我儿啊，我恳求你，不要再发动战争了。武力较量无法解决问题——这是血的教训啊。"

王子低下了头，声音里带着悲伤："那我们就真的无计可施了。我们只好听天由命，或是逃往其他地方，或是在这里坐等失败与苦难。”

老国王突然从床上坐起来，眼里闪烁着怒火，身体颤抖着说：“如果你这就放弃，你就不配做这个国王，也不配做我的儿子！我不允许你抛弃我们的子民和我们的国土，听到了吗？你需要找到武力与投降之外的第三条路。这是命令！”

说完，老国王艰难地躺下身来，说道：“原谅我动了气，浪费了我们相处的最后一段时光。”

老国王长长地叹了一口气，闭上了眼睛。他的儿子本以为他已经死了，但老国王又睁开了眼睛，有气无力地喃喃道：“我们或许还有一丝希望：五十年前，有一名贫穷的老者落入水中，我曾将其救起。别看他身材矮小、骨瘦如柴，但却器宇不凡。满头的白发与黝黑的皮肤对比鲜明，深深的皱纹仿佛将世间的欢笑和痛苦都写在他脸上。他像咱们国家的其他农民一样穿着一条长裤和粗布上衣。他虽然衣着破旧，但我看到他上衣的一颗扣子如同一颗钻石一样，闪闪发光。更奇怪的是，我明明刚刚把他从水里捞上来，但他的衣服和头发却几乎都没有弄湿。他灰色的眼睛炯炯有神。当时的那一幕十分诡异。”

“他想送给我一件礼物，以示感谢。他对我说：‘亲爱的蓝国王，你救了我的命。收下这个盒子吧，里边装着神奇的火柴。每当你划一根火柴，并且它一次就着的话，我就会现身为你提供帮助。’”

“我刚刚从那位老人手里接过盒子，他就微笑着，一声不吭地重新投入河中，被卷入旋涡里消失了。要不是我手里拿着那个盒子，我真的以为那是在做梦呢。”

“我当时并没有把那位疯癫老者的话当真。尽管此事和其中的人物都荒诞不经，但出于迷信，我还是把盒子留了下来。”

奥姆想起了阁楼上的小箱子，心想：“原来是这么回事……”

“那您为什么没有请他来帮忙呢？”

“因为我的高傲，”国王回答说，“我无法接受自己没能靠一己之力解决国家事务的这一事实。另外，我头戴‘理智的国王’和‘英勇的战士’两个光环，又怎能去乞求一个老人用神奇的火柴来对我施以援手呢？这于我简直就是一种妄想。”

奥姆明白了父亲的为难之处。他如今得有多么失望，才愿意出此下策呢？

老国王的呼吸开始出现困难，他示意儿子把耳朵贴到自己的嘴边，说：

“今天，我们的处境令人绝望。你应当借助一切手段拯救我们的子民，不管手段有多么荒唐。”

国王的声音越来越弱了，他使出最后一丝力气说道：

“事到如今，我们还有什么放不下的呢？我们不能再掀起新一阵腥风血雨，只能寄希望于红国王在河水净化以后，能够心甘情愿地接受与我们共享河水。或许河里的老人能够助我们一臂之力……火柴盒就在阁楼上的一个小箱子里。你去找出来，试一试吧……”

说完这些，老国王便驾鹤西去了。

蓝王国的人民为国王的逝去痛哭了好一阵子。

不久之后，他们又满心欢喜地开始庆祝新国王登基。但是由于国家处于困难时期，欢庆仪式也就一切从简。

国丧期一过，新国王就按照传统迎娶了王后。

成为国王的奥姆眼前摆着众多难题。首先，一场新的瘟疫开始在民间肆虐；随后，井水都已干涸，剩下的水不足以灌溉农田；国家不得不借来外债以购买生活必需品；国家财政支出越来越多，不久之后，国库便空虚了。

奥姆时常想起父亲的忠告，但他却一直被平日里的紧急事务缠住，脱不开身！他确实在阁楼的箱子里找到了父亲所说的那盒火柴，但他不知道究竟该不该把这个离奇的故事当真，因此又将其放回了原处。更何况，他和他的父亲一样，希望成为一个理智贤能的君主。

直到有一天，一场史无前例的干旱使得小麦的价格翻了三倍。王后不顾“后宫不得干政”的传统，来到了国王的办公室，对他说道：

“我亲爱的蓝国王，我的丈夫，人民正备受煎熬，国库已经拿不出钱来，我们的粮食已撑不过三个月了。只要我们能够像以前一样喝上河水，百姓们就算得救了。这需要您成功说服红国王。”王后突然颤抖起来，补充道，“求您了，您只管专心去忙这一件事，剩下的都交给我来处理。”

奥姆拜师

奥姆被妻子激烈的言辞震撼了。思索片刻之后，他神色坚定地站了起来："你说得对，我们不能继续坐以待毙了！"

他尽力安排好了一切，好让皇后能够独自处理国家的日常事务。

万事俱备后，他悄悄独自前往皇宫的阁楼中。没花多少工夫就找到了老国王说起过的那个旧火柴盒。他坐在地上，两手握着盒子。凝视了盒子很久，他不确定要不要继续留着它。接着，又犹豫了一阵之后，他终于决定把它打开：那盒子里装着七根火柴。

他选了看起来最结实的一根在火柴盒上擦亮。一束蓝色的美丽火焰亮起来，温柔的光照亮了阴暗的阁楼。

奥姆静静等待着。

火焰渐渐燃尽了。奥姆试着让火柴头朝上，好让它能多燃烧一会儿。最后却烧到了手指，只好将火柴扔在地上。他使劲儿地用脚踩灭了火焰。"我只差放火烧城堡了，"他嘟哝着骂道，"只为了一个我从来不相信的故事。我到底在做些什什么蠢事！”

就在这一瞬间，他听到身后传来了清嗓子的声音：“嗯哼，嗯哼！”

奥姆吓了一跳，迅速转身，并抽出了佩剑。

“谁在那儿！要么亮出你的真身，要么吃我一剑！”他断然大喊道。

“冷静些，殿下，”阁楼最黑暗的角落里传来一个声音，“您就是这么跟别人打招呼的吗！是您叫我出来帮忙，我来了，您却想置我于死地！”

奥姆眨了眨眼睛，好看清那个黑暗的角落。他举剑向前，靠近声音传来的地方。走了几步后，他隐约分辨出黑暗中有个身影。

再前进几步后，他终于看清了，曾祖父的老旧王座上，一个满头银白的小个子男人静静地坐着。他打扮得像个农民，衣服上有一粒纽扣闪着明亮耀眼的光。奥姆知道，面前此人就是父亲曾提过的那位老者了。

“您想做什么？”他迷惑地问。

“看起来反倒是我该问你这个问题，不是吗？”老者回答说，“毕竟，在我看来，是你请求要见我。”

“这倒是真的，”奥姆承认，而后结结巴巴地解释，“但我实在是太惊讶了……我从没见过这种事……您也知道……我爸爸……火柴……”

老者慈祥地笑了笑。

“我叫奥姆，”奥姆从惊讶中缓过神儿来，自我介绍道，“是蓝王国的国王。”

“我晓得，我晓得。”老者微笑着说。

“真的吗？您知道？”奥姆感到很诧异，“那么您呢？您是……”

“我就是个老头儿。倒不如讲讲你为什么召唤我。”

于是奥姆讲述了红蓝两国、河流、地震、父亲的请求，红国王的拒绝、威胁，两位国王对彼此的谩骂、战争和胜利。接着，他叙述了河流是如何被下了毒，第二次战争是如何打响与自己国家又是如何战败，以及随之而来的缺水、饥荒、疾病与国库空虚。

最后他解释了为什么自己无论如何都要取得红国王的同意，好让人们能前往河边取水。

老人全神贯注地聆听着，仿佛奥姆说的每个词都无比重要。他要么时不时地点头以示理解，要么左右摇头，露出不赞同或是悲痛的神色。

奥姆讲完后，老者沉默了一阵，而后说：

“奥姆，获得他人赞同的艺术是非常难以掌握的。要是它那么容易就能学会，那这个世界上早就没有纷争了，相信你也明白这一点。

“我很乐意将这技艺传授给你，但我得先给你打个预防针，这门功夫绝不简单。化解分歧是真正的武艺。诚然，它是一门关于和平的武艺，但要真正掌握它，还需要智慧、自制、恒心、勇气和技巧——总而言之，一名真正的战士所应拥有的品质你都得具备。我希望这些品质你身上都有，否则我甚至没必要开始教你了。”

“我是国王，”奥姆自豪地提醒老者，“打小就学习各种武艺。”

“好，很好，”老者突然站起，加重了语气，“你将在一场旅行中学习这门技艺。一趟单枪匹马的旅行，危险而艰巨。踏上旅途之前会有个准备阶段，我要考察你是否有资格学习这门技艺。到时候，我会给你上第一堂课，传授你第一个能力。而后，你的旅途中会有六道关卡。每一关都有一个挑战、一个道理和一个需要掌握的技能。等你掌握了这六个技能，就可以回来去见红国王了。到时候他决计会同意你去河边取水的。”

“那真是太棒了。”奥姆说。

“若你真的想学会这门本事，赶紧去做些准备，向你的妻子告别，今天午夜时分准时到皇宫南边的山顶上来。”老者说。

“带着你父亲与红国王往来信件的副本。一定要记得带，因为我要用它们来让你明白一些重要的事情——一些你父亲辗转不眠、冥思苦想却始终未能明白的事情。独自来赴约，别带武器。记得要准时，我不会等你。”

他站起身来，背对奥姆向阁楼最暗的角落走去，而后消失了。

奥姆怀疑自己是不是在做梦。他摇了摇脑袋，环视四周。除了他手里的盒子和地上燃尽的火柴，刚刚发生的一切了无痕迹。事到如今，他别无选择。已经没时间犹豫了，于是他决定前往。

二

学艺开始

艰难的起步

等到夜幕降临，奥姆便开始上路。他已经计算好，到达山顶需要三个小时。

他在王国档案馆里找到了他父亲与红国王往来信件的副本。那位老智者要这些东西干吗呢？

奥姆一边走一边生出一连串的疑问：这该不会是一个圈套吧？这莫非是红王国的人民要的诡计？手无寸铁的自己无疑会处于劣势！又或许，这是那个老头儿在戏弄自己？

一头雾水的他不知不觉走到了山脚下。这座小山可不矮，峭壁嶙峋，灌木丛生，荆棘密布。他知道有一条小路可以直通山顶。于是，他便开始毫无畏惧地攀爬起来。

他的双腿很快便被划出了口子，尖锐的石子硌伤了他的双脚。但是一想到他的子民、他的爱人、他的父亲以及那位对他的能力提出质疑的老智者，全身便又充满了力量和勇气。

午夜刚刚过去，气喘吁吁的奥姆便爬到了山顶。

智者正坐在一块巨石上边等他，手里还拿着一根木棍。

没想到智者跟他打的唯一一句招呼，便是："你居然没有提前到。"智者的语气中带着指责。一阵沉默过后，他又变本加厉地说道：“我可不敢肯定你能吃得了学艺这份苦。我想你行走江湖的计划，还是往后再说吧。”

“往后再说？这怎么可能！”奥姆吃了一惊，气愤地说道。

“怎么不可能？”智者问道。

“我已经按您的吩咐做了：不带武器，只身一人。我还带来了您要的资料。”

“跟这些没有关系。”智者的语气里带着一丝恼怒。

“怎么能没关系？”奥姆回答说，“您就是这样吩咐的呀！您和我约定在这里见面，并提出了一些条件，我一五一十地照做了，我这不是来了嘛。总不至于我迟到个两三分钟，您就改了主意吧！”

“迟到是一回事，”智者回答，“你爬这么一座小山就累成这样，是另一回事。”

“可我一点儿都不累，”奥姆打断他说，“只是有点儿喘而已。”

“肺活量不够大的人可练不了我这功夫。”智者带着一丝讽刺的语气说道。

“您快将功夫传授给我吧，”奥姆突然语气一转，说道，“否则，您会后悔的。我虽然手无寸铁，但光凭我这双手，就能把您的骨头撕烂。”

智者提醒他说：“你若想试着跟我动手，那可有你好看的！”

“是有你好看的，老东西！”奥姆喝道。

“你这小东西！”智者心平气和地答道。

“你这个下贱的江湖术士！”奥姆反击道。

“你这个卑鄙的小妖精！”智者也不甘示弱。

奥姆忍无可忍，无须再忍，举起拳头冲向那老头。但刚刚走了三步，老头儿就像人间蒸发了一样，没了踪影！

矛盾的激化：“分歧”是如何演化成为“冲突”的

“好极了，好极了！”一个声音从他背后传来。

奥姆转过身来，看到智者正端坐在另一块更高的岩石上。

“好极了，好极了！”他微笑着重复道，“如今时机已经成熟。我们可以开始学艺了。”

奥姆仿佛置身云里雾里，已然摸不着头脑。老头儿这是同意教他学艺了吗？还是说这是他的另一个圈套？

“好了，你坐下吧。”智者指着旁边的一块巨石说，“抱歉，我刚刚那样对你。我必须让你亲身体会到矛盾激化的过程，也就是从‘分歧’演化成‘冲突’。你明白了吗，奥姆，我想要教你学艺的初心始终未改。拒绝你只是我教学的一种手段，我刚刚说的那些话并非我内心的真实想法。”

“真是可笑的手段，可笑的教学！”奥姆恼羞成怒。

智者莞尔一笑。

“你还记不记得，奥姆，你昨天跟我说过，红王国的人民战败以后，你父亲在城堡的房间里走来走去，有一个问题始终想不明白：人们在取水问题上的分歧究竟是如何演变成一场血腥之灾的呢？”

“没错，他日夜冥思苦想。”

“很好。在你出发之前，我们首先要把这个重要的问题搞明白。我接下来跟你讲的东西非常关键，否则你日后还会重蹈你父亲的覆辙。”

“我要搞明白什么？”奥姆不耐烦地问道。

“少安勿躁，少安勿躁。”智者说，“但是在我回答你的问题之前，得先问你一些事：奥姆，不要相信我接下来所说的话，只管思考你自己观察到的东西。有问题吗？”

“没问题！”

“你倒是不轻言放弃！”

“我想要得到的东西都不会轻易放弃的。”奥姆肯定地回答。

“喂，喂！我刚刚只是在试验你而已！好吧，言归正传：刚刚你和我的一连串所作所为最后导致我们大打出手。”

“是的。”奥姆回想起刚刚自己扑向这位老人的情景，有些不好意思。

智者用食指指向天空，好像要说什么特别神圣的事情一样。他字正腔圆地说道：“奥姆，所有分歧演变成冲突的过程，都大致相同。你需要搞清楚这个过程。”

“啊？”奥姆松了一口气，“敢情这不是我一个人的问题啊？”

“不是的，奥姆。大多数分歧都是通过同一种方式演化成冲突的。而这与社会地位、年龄、教育程度和智商都没有关系。在刚刚的试验中，你不知不觉经历了从言语之争到暴力冲突的三个阶段。在学其他东西之前，你应当了解它们，然后避开它们。”

“这三个阶段都是什么呢？”奥姆立刻问道。

“少安勿躁，少安勿躁。”智者又说道，“我非常喜欢你的急躁，这证明你有很强的求知欲。我们接着说，当我拒绝教你学艺之后，你是什么反应？”

“我立马生气了。”

“然后你做了什么？”

“我努力将你说服，据理力争！”

“没错！这就是解释。那你的解释取得了预期的效果吗？我是否跟你说：你说得有道理，是我不对，我全都听你的？”

“没有！您什么解释都不想听。我一解释，您就加以反驳。”

“是这样的，”智者慈祥地笑笑，“解释向来都是没用的。它们唯一的作用就是引发别人的反驳。如果你想要别人反驳你，那就率先提出你的论据。这招屡试不爽！”

“记住这第一个教训，奥姆，忠言逆耳：解释没法帮你和他人达成共识。相反，越解释情况越糟糕。”

“是这样的。”奥姆若有所思地回答，“每次我提出一个新的论据，您就会立刻反驳我一句。我越是辩解，您越是反驳……最后我恼羞成怒！”

“没错，”智者总结道，“事实就是如此，不光你和你父亲是这样，所有陷入分歧之中的人都是如此。”

“未必所有情形都是如此吧？”奥姆质疑道。

“可能会有例外。”智者说，“假设一个农民请求国王单独召见他，而国王拒绝了，因为只有皇室家族的人才能有此殊荣。但这时农民说自己有事关国家安全的紧急密报要告诉国王……”

“那就不一样了，”奥姆说，“这个论据能够扭转局势。”

“没错。仅有的那些有效论据，所传递出的信息往往都能够颠覆对方对局势的判断并且对对方有益。”

“可是，如果我不与别人理论的话，怎样才能说服别人呢？”

“等你到了这次旅途的第三阶段就会学到了。”

说着，他开始不自觉地捋起了他的白胡子，似乎陷入了自己的思绪当中。

“返回头来想想我们刚才的情形吧，”他突然张口说道，“我们经历了好几个回合的解释和反驳之后，发生了什么？”

“我问您‘是不是不想教我学艺了’，然后我打算打断您的骨头。”奥姆回忆道，面露惭色。

“没错！这叫作‘威胁’。你的威胁达到了预期的效果吗？我有没有和你说‘我的天哪，我好害怕呀，我全都听你的’？”

“没有。”奥姆承认说，“您立刻就反过头来威胁我了。这可把我给气坏了。”

“是的！”智者高兴地说道，“威胁向来都是没用的。除非你是想故意引诱对方对你发出威胁。如果你想让别人威胁你，那就率先威胁别人，这招百试百灵！”

“但还是那句话，某些时候威胁也是有效的！”

“的确如此。但威胁只有在以下两种条件下才会有效：第一，双方实力相差悬殊；第二，争议无关重大事件。这二者缺一不可。想想你父亲遇到的情况：虽然他的军队实力强大，但他的威胁却无济于事，甚至反过来使局面恶化。原因是此事关系到了红王国的切身利益，即领土完整。放眼望去，战争历史上充斥着无效的威胁。就像你刚刚看到的那样，威胁会引发恐惧，而恐惧会激起对方的攻击性。”

“你懂了吗，奥姆，威胁事关生死，事态通常都是在这一环节失去控制的。然而，当我们手里掌握着能够威胁到别人的‘利刃’时，往往很难控制住自己不将其示人。”

“照您这么说，”奥姆气恼地说，“如果我既不与人理论，又不威胁对方，我怎么才能获得别人的同意呢？”

“这个我们一会儿再说。先告诉我，等我反过来威胁你以后，发生了什么？”

“我骂您是‘老东西’和‘下贱的江湖术士’。”

“是的！”智者开心地说道，“这就叫作‘人身攻击’……”

“它们达到了你预期的效果吗？我有没有跟你说：你说得

有理，我又老又蠢，我任凭你处置？”

“当然没有！”奥姆回答，“您立刻就骂回来了……这把我气得丧失了理智。”

“没错！批评和辱骂没法让你得到你想要的结果。它们只会为你招致对方的批评和辱骂。如果你想让别人骂你，就率先张口骂人，这招百试不爽。然后呢，发生了什么？”

“我向您扑了过去！”

“是的！”智者笑呵呵地说，“这就开始‘动武’了。但是动武让你占据上风了吗？”

“您快别取笑我了，”奥姆嘟囔道，“您到底想说什么？”

“这要靠你自己去领悟了，我亲爱的奥姆……但是我愿助你一臂之力。我们现在要来上一堂‘涂色’课！”说完，他将一支铅笔递给了奥姆。

“这是我这个年龄要学的东西吗？”奥姆埋怨说。

“如果所有像你这个年龄的国王都练过这个，那世界上就没这么多战争了。”智者反呛他说。

“好吧，”奥姆没再争论，“我该做些什么？”

“重新读一遍两个国王之间的往来信件。把每句解释涂成浅色，把每句威胁涂成深色，并把每句人身攻击涂成黑色，然后告诉我你观察到了什么。”

奥姆动手涂了起来……

尊敬的红国王，我亲爱的邻居：

您最近一切都很顺利吧！

我很高兴，这么久以来我们两国保持着和平互利的邦交关系。尊重与合作是我们两国几个世纪以来睦邻友好的基石，我希望这种关系能够继续长期保持下去。

为此，我需要向您提出一个请求。相信您一定注意到了，今晚，附近的山上发生了地震，它改变了“奥士茵蔚”河的流向。从此以后，河水都向西流去了，我们失去了生命之源，就没法完成耕种了。

当然，我们也可以到别的地方去寻找水源，但是，“奥士茵蔚”河的水源是那么充足、清澈、甘甜，实在让人难以割舍。

因此，如果您能批准我国百姓去往新的河岸上取水，我必定会感激不尽。

尊敬的红国王，我在此对您的理解提前表示感谢，也请您接受我最诚挚的问候。

§

亲爱的蓝国王，我敬爱的邻居：

在现今的艰难境况下，我希望您那边一切顺利。

正如您所说：我们两国的关系一向是平安和谐的。

所以您大可放心，我会尽一切努力，维持我们现今的良好邦交。

然而对于让您的人民来到我国领土上这个提议，很遗憾，我不能同意。

您或许也注意到了，如今河水比从前少了一半。我们担心水源无法满足灌溉的需要，尤其是在旱季。我很开心获知您的国家还有其他获取水源的途径。我很乐意通过别的方式帮助您。

尊敬的蓝国王，我向您保证，我们会在精神上支持您。

此致

敬礼

§

尊敬的红国王，我亲爱的邻居：

上次我可能没有表达清楚我的意思，我在此请求您的原谅。

其实，我们并没有找到其他水源。离我们最近的水源，远在沙漠的另一端，需要走上十天才能到达，而我每天都需要水来浇灌我的农田，我的子民和我的牲畜每天都需要饮水。

您在信中提到说“如今河流的长度是原来的一半，河水也比从前少了一半”。但是如果您仔细观察一下，就会发现现在水流的速度变快了，所以水的流量算下来并不比原来少。所以，您的国家是不会缺水的。

最后，我再重申一下我的请求：如果您能批准我国百姓去往新的河岸上取水，我必定会感激不尽。

§

尊敬的蓝国王，我亲爱的邻居：

上次可能我也没有表达清楚，我在此请求您的原谅。

河水的流量问题，并不是我拒绝您的唯一理由。

新旧河床之间的区域是我们最肥沃的一块土地，多年以来，我们一直精心耕耘。如果您的百姓每天在此来来往往，一定会影响当地的作物，破坏当地的生态平衡，那样的损失我们很难挽救。

另外，我还担心，一旦允许您的百姓过来取水，那我们两国之间的边界问题就说不清了，我们国家的国土会减少的。您可以料想到，这对于我们国家的领土完整是不利的。尽管我从不怀疑您动机不纯，但是未来的事态会怎样发展，我们谁也说不好。

§

红国王：

收到您的来信后，我感到很震惊。

我们认为，我们祖祖辈辈共享这一条河水，因此这条河是我们两国的共同财产，我们对其拥有合法的使用权。

您没有权利阻止我们前去取水。

如果您仍然顽固不化，那我只能向联邦委员会的最高法院提请诉讼了。法院会强制您为我们放行。而您也会因为拒绝我们过河的请求而遭到一笔罚款。

因此，我奉劝您尽快给我们提供一封书面授权书，让我们过河！

§

蓝国王：

真没想到，我的回应会让您如此惊讶。

这河水既不属于我们，也不属于你们。它属于大自然。自然想把这河水给谁，就给谁。河水的流向是它自己改变的。虽然这让您的国家蒙受损失，但这并不是我们的责任啊。

我向联邦的法律专家征求过意见，他们向我保证说，我的主张具有合法性。如果您求助于最高法院，去申请拥有一条不属于任何人的河流，那么您会受到所有人的嘲笑。您的诉求绝不会带来任何结果，甚至会让您付出高额的诉讼费，而且我还会向法院提出申请，要求您赔偿我们的损失。

§

邻居：

我们两国一直以这条河为国境线，我要提醒您一下，我可以向法院提出正当的申请，把新旧河床之间的土地划归我国所有。可我没有这么做，至少目前还没这么做。

§

邻居：

请您注意，如果您打算要走一部分我们的土地，可是要冒很大的风险的。我可以以此为理由，向您宣战，您会立即为此付出代价。

§

虚伪的国王陛下：

您这是一种完全不负责任的态度。两国一旦开战，罪过将全部归咎于您。

我从未想过您是如此的没有人性。

您心中的冷漠和狂妄真是举世无双。谁会和您一样，希望去侵略另一个王国呢？您还说别人头脑不清醒，我看最糊涂的人应该是您吧。另外，众所周知，您手上拥有的土地是那么的贫瘠，您国的农民是那么的懒惰和无能。

说起河水的流量问题，四岁的孩子都知道，如果河流的长度减半，流速增加一倍，那么总流量还是不变的。又或许是您故意装傻，因为您想要毁掉我的王国，并趁机吞并我国土地。几个世纪以来，您和您的祖先都觊觎着我国土地。我要警告您的是：我们不会罢休的。我们的军队比您的强多了，您输定了。

§

龌龊的国王陛下：

本来此事还有回旋的余地，但是您把它毁了。

我们根本不会害怕您的军队。

您的狂妄与自私也是举世无双。您脑子里只有眼前的利益，并且将他人的利益置于脑后。

我想，河流之所以转向，必定是老天爷在惩罚您的好斗和放肆。

换句话说，这是您应得的。

“怎么样？你有什么发现？”智者问。

“简直难以置信！”奥姆说，“他们越聊，矛盾越深。一开始，他们两个还都非常客气，我几乎没有勾出几句话。但是越往后看，被我涂色的内容就越多。到最后，完全从威胁演变成了人身攻击！”

“你都看到了，奥姆，每次，几乎每次出现这样的情形，都会是这样的结局。当我们与别人出现了分歧，我们就摆事实讲道理，然后威胁对方，最后辱骂对方。大多数冲突都是经历了这三个步骤演化来的。

“起初，我们都是冷静、理智地交流；然后，情绪会渐渐发酵；最后，我们的思想会被情绪左右。起初，人们之间仅仅是出现了一些分歧，而最后我们却陷入了冲突和争斗。威胁是个拐点，通常矛盾都是从那时候起开始恶化的。”

“所有分歧都是按照这三个步骤演化的吗？”奥姆问。

“不是，”智者回答，“有些情况会直接发展成威胁或人身攻击。这三步其实都是基于人们根深蒂固的错误观念，即认为武力对抗是问题的解决之道。”

“奥姆，你要牢牢记住这三个步骤，一旦它们出现在你或他人的话语中，你就得能够立刻认出它们。”

“那我认出它们之后，该做什么呢？”

“你要克制住想要反驳、威胁和攻击对方的欲望。”

“就这些吗？”奥姆疑问道。

“这些就够了！”智者回答，“而且这很难做到。你往后自己会发现：当你手上有很好的反驳观点、威胁手段或者一针见血的评论想要发表时，你是很难控制自己不将它说出来的。如果你成功克制住了这种欲望，你就等同于关上了通往地狱的大门。这是你要明白的第一个道理。”

他从包袱里掏出了一些干果，分给奥姆。奥姆开心地吃了起来。他边嚼边回味智者刚刚和他讲过的话。

突然，老人站起身来，说道：“我们今天学得差不多了，现在得休息一下。你躺在树上，试试能不能睡着。如果睡不着，就想想我们刚才说的话，梳理一下你理解的东西。夜晚和睡眠会帮你消化这些东西。”

说着，他自己躺倒在原来的那块石头上，很快进入了梦乡。

奥姆在一棵细细的侧柏下找到了一块相对平整、没有石子的土地，躺下身来，很快也睡着了。这一晚，他睡得很不安稳。他几次梦到了自己的父亲躺在床上，重复着那句话：“武力对抗不能解决问题，奥姆。祸国殃民，祸国殃民！你要找到其他办法，奥姆，一定要找到！”

奥姆明白了为何“冲突之中没有赢家”

奥姆醒来之后，发现老智者早已起来了，并且正在黎明的阳光下打着太极。看到奥姆睡醒了，他便停了下来，故作狡黠地对他说：“怎么，你想睡懒觉吗？”

奥姆回击道：“日头才刚刚升起来啊！”

智者回答说：“晚起的鸟儿没虫吃……”

奥姆一脸不快，嘟囔道：“这荒山野岭的，您让我上哪儿找吃的去？”

智者打断他说：“不跟你多费口舌了，在你临走之时，我还有一条锦囊妙计要教给你呢。”

说着，他来到一棵小树的树荫下坐了下来，并招呼奥姆也坐过去。

智者张口说道：“你昨天已经明白了‘分歧’是怎么演变成‘冲突’的了吧？”

奥姆说：“明白了。”

智者问道：“那结果是什么呢？不要思考，你看到什么就说什么。红蓝两国的交锋带来了什么结果？”

奥姆骄傲地答道：“我们赢了！我们成功把红王国的部队

赶到了河对岸！红王国过去禁止我们涉足的领地，如今成了我们的。”

智者问：“战争持续了多久？”

奥姆回答：“三年。”

“你们杀死了多少敌军？”

“将近半个军团。”

“你们给红王国带来的财产损失有多少？”

“我们把河流与国家边界之间的农田都毁掉了，我们搞垮了他们的经济，他们还赶上了饥荒和瘟疫。”

“啊，”智者说，“那你们呢，死了多少人？”

“三分之一的男性国民。”奥姆恶狠狠地回答。

“那财产损失呢？”

“我们的田地已经荒芜，经济濒临崩溃……”

“你刚刚不是说你们取得了胜利吗？我怎么觉得你们的损失更多呢？”

“或许吧，但是比他们少。”

“所以也就是说，你们既赢得了战争，同时也输掉了战争……只不过输的没有对方多……你不觉得这场胜利很荒谬吗？”

“没错。”奥姆悲伤地说道，“战争使得两国都遭了殃。这也是让我父亲最为苦恼的事情。他临死之前总是不停重复‘祸国殃民’‘祸国殃民’！”

“看来你父亲明白了一个很重要的道理。”智者说道，“好好想想你周围发生的事，是不是‘冲突之中没有赢家’。如果和我得出的结论一致，那就把它牢记在心吧，奥姆。”

“可是，”奥姆想了一会儿说道，“这与历史书里写的相反——凡有战争，必分胜负。”

“这只是表面现象。”智者平静地回答，“你再好好想想，在你父亲‘赢得’了战争之后，接下来发生了什么？”

“红王国为了报复，在河里投了毒。”说起这些，奥姆深感无奈。

“没错。”智者说，“人类祸害其同类的能力超乎想象，而现在的武力对抗并不能解决任何问题。”

“我明白了，”奥姆回答，“这让我想到了父亲在河水被投毒之后所说的话——胜者元气大伤，败者心存报复。”

“这说明你父亲明白了第二个道理：借助武力手段换不来长久的胜利，败者迟早会报复回来的。这种胜利在人类历史上出现过很多次，但是它们或早或晚都会转变成深重的灾难——因为通过武力得到的胜利本身就在未来埋下了一颗失败的种子，而这场失败的到来只不过是个时间问题。”

说完，智者从口袋里掏出了一块又扁又平的灰色石子，上边刻着几行字。

“拿着。”他对奥姆说，“它会帮你记住矛盾是如何被激化的，至少能提醒你别忘记。”

解释

威胁

人身攻击

没有赢家：胜者元气大伤，败者心存报复

“谢谢您！”奥姆满怀感激地说道。

老智者没有回应，他早已闭上了双眼，依旧在地上坐着，似乎是睡着了。奥姆盯着他看了一会儿，然后又盯着刻着字的石头看了一会儿。

随后，奥姆起身，向前走了几步，向东方望去，此地的一片壮丽景色尽收眼底。他注视着山脚下开始蔓延伸展的祖国大地，在平地而起的朝阳照耀下，土地上闪耀着淡蓝色的光辉。他的心里顿时充满了爱意与思乡之感。

更远一些的地方，就是红王国了。它就像是一朵巨大的盛开着的鲜红花朵。

在蓝色土地的映衬下，红王国显得更加浓艳。而红色土地也使得蓝王国更显沉静。

“这两片土地水乳交融，浑然一体，我们为什么要将它们分裂呢？”奥姆自言自语道。

奥姆明白了为何人们处理不好争端

他扭过头来，接着跟智者说道："尽管如此，我们有时候别无选择，只能那样做。"

老人慢慢睁开眼睛，眼神如同两道沟壑一样，深邃得让奥姆出现了一种奇妙的感觉，仿佛这世界上形形色色的人都能够被这双眼睛看透。

"或许只是人们不知道该怎样做而已。"智者温柔地回答，"我们暂且认为人们面临这种情况只有两种选择——逃避和应战，也就是认输投降和武力对抗。我们不知道其实还有第三条路可走。所以，我们或者放弃自己想要的东西，或者期待着用武力手段让对方屈服。若选了第一条路，那么我们将会失去自己原本能够得到的东西；若选了第二条路，双方的斗争会使我们失去更多，而且徒增一个敌人。其实我们只要多点经验，就能够达到我们的目标，同时与对方化敌为友。"

"可是为什么人们会选择与他们的利益背道而驰的方式解决问题呢？"奥姆问，"为何人们会如此不善于处理争端呢？"

"很大一部分原因在于他们总是感情用事。"智者回答，"恐惧和愤怒使得他们失去了思考的能力。他们开始变得特别擅长做些荒唐事，损害自己的利益。所以，你要学会的第一件事就是掌控这两种情绪。此后，你还有更难的事情要掌握，也就是在面对别人的解释、威胁和人身攻击时，如何保持冷静和淡定。为了方便你学会这些，奥姆，你需要记住这一点：在分歧与冲突当中，谁能保持冷静，谁就是最强者。只有这个人能够掌控一切，而冷静是阻止矛盾激化的唯一途径。这是你在第一关里即将遇到的挑战。”

“这不难啊！”奥姆说，“我能够抑制自己的愤怒，而且无所畏惧！”

“那我们走着瞧……”智者说。

他将右手伸进肩上背着的灰色包袱里，掏出了一些东西撒在了奥姆身上。那是一种闪闪发光的粉末。奥姆听到它发出了水晶破碎的声音，然后周围的一切就全都消失了。

三

第一关

学会如何控制情绪

情绪使人油盐不进

奥姆的周围变成了一座种满了橄榄树的小山，自己身处于一棵大树的树荫之下。往山下一看，是一个小山村。村里房屋的墙壁上粉刷着红褐色的石灰，它们的颜色或深或浅，呈现出丰富而浓烈的渐变效果，衣着斑斓的人群在街巷中来来往往。村庄旁边是一片湖，湖面平整如镜，夏日天空中惬意飘动的零星云朵在湖面上映出倒影。

这座小山的土地上散发着赏心悦目的绿色，或许是因为土地中掺杂着绿色黏土的缘故。

"我很好奇，是不是这里的居民像我们国家一样，脚掌和土地是一个颜色的。倘若真是如此，那就说明我来到了'绿王国'。"奥姆兴奋地说道，他很开心自己能大概猜测出自己身处何方。"这里距离我家，大概得有三天的路程呢！我看我还是得去确认一下……"

这时，奥姆发现他的左边有一支由毛驴和骡子拉着的货车队，车上载满了巨大的羊皮袋，驱车的汉子们正等候着往袋子里装上湖水。

但是当地取用湖水似乎是受管制的：每个车队都要先在

一座由士兵把守的建筑物门前停下，赶车的人要一个一个地走进去，然后拿着一张纸片走出来并将它交给守卫。在此之后，他们才赶着车前往湖边，将羊皮袋装满。

很快，奥姆想到了自己的子民。“真是天赐良机！这样一来我的问题不就解决了吗！”他开心地说道。说着，自己也加入了等候的队伍当中。

等轮到了他，奥姆上前对办公室的职员说道：“您好！我来自蓝王国，我想从您这里引些湖水到我们国家。”

职员用怀疑的目光看了他一眼，说：“蓝王国？没听说过……”说完，又埋头写起了字。

“这倒不重要，”奥姆说，“我知道它在哪儿就行，我家就在那里。”

“您知道就好，”职员回答，“不过引水是不可能的。我们不会给你们送水，除非你们自己过来运。”

“我会想办法的。”奥姆说。

“就算您想得到办法，”职员说，“这无论如何也是不可能的。因为这里的水需要预定，那里排着队的人都是刚刚轮到他们来取水的。如果想取水，就得先在这名单上登记，最快也得两个月之后才能轮上。”

“两个月！”奥姆吃惊地说。

“是的，两个月。”职员带着一丝得意重复说道。

“我要告诉您，”奥姆说，“我的国家正在经历一场严重的干旱，我必须得为我的国家找到水源。”

“好吧，老兄，”职员回答说，“那您跟别人一样，先登记一下吧。”

“好的。”奥姆说，“但是，这件事关乎我国人民的生死！我们已经没有水来灌溉田地、喂养牲畜了，再过不久，人也没水喝了！”

“这样啊，”职员翻了一遍手中的人名单，说，“您这算是紧急情况，我可以把您的顺序往前调，但是价格得是原来的两倍。”

“两倍！”奥姆顿时怒火中烧。但这时，他想起了智者的话：“在分歧与冲突当中，谁能保持冷静，谁就是最强者。”

“我必须保持冷静。”奥姆自言自语道，“但这怎么才能做到呢？这家伙乘人之危，我还需要保持冷静吗？管不了那么多了，现在说什么都晚了，我的火气已经上来了！没法克制了！”

“没错，两倍。”职员确认了一遍，“您两个星期之后就能来取水了。”

“两个星期！那也太晚了！”奥姆极力克制住自己的怒火。

“那您这可以算作‘特急情况’了！”职员建议道，“您可以付三倍的价格，两天后来取水。”

“三倍！”奥姆惊讶得瞠目结舌，“你这是滥用职权！你知道吗，我可认识不少高官显贵，我跟你不会善罢甘休的！”

“那是在您的国家。”职员说，“但是在这里，您的行径只会让我觉得荒唐。既然您是这种人，您就是出十倍的价钱，这水也不会卖给您了。不和您废话了，下一位！”职员补充道。说完，他便开始和奥姆身后的人交谈起来。

奥姆忍无可忍，霎时间被怒火冲昏了头脑，一把抓住了职员的衣领。守卫听到声响，赶快过来将他控制住。正当奥姆拼命反抗时，头上突然感到一阵剧痛——有人用木棒狠狠地打了他一下。奥姆晕了过去。

醒来时，奥姆发现自己被关进了一个脏乱潮湿的小房间里，房间用一排又粗又重、锈迹斑驳的铁栅栏锁了起来，只能通过一个小小的通风口望向街上。“这里是监狱，”奥姆惊叫一声，“他们把我关进了监狱！”

奥姆绝望至极。“我真是出师不利，”他开始自怨自艾，“我连第一个考验都经受不住。我看我永远都学不会正确处理争端了，我最终只能让百姓陷入绝望和痛苦。”奥姆一下子不知所措，头也开始隐隐作痛。

突然，他灵光一闪，想到了一个主意：“火柴盒！”他喊道，“但愿他们没有把它没收！”

他开始忧心忡忡地在自己的口袋里翻找起来。突然，他的手指碰到了那个宝贝盒子。“呼！”他松了一口气，“这是我逃出去的唯一希望了。”这时，他又想起了智者的话：“每当你划一根火柴，并且它一次就着的话，我就会现身为你提供帮助。”

现在还剩下六根火柴。他又想起了智者说的“学艺六步”，感到不安起来。他自言自语道：“看来每走一步，就得用一根火柴了。我没有多余的机会。但是，我还有其他选择吗？我刚刚迈出第一步，就被关进了监狱。我必须得出去！”

说着，他小心翼翼地演习了好几遍划火柴的动作。随后，他一鼓作气，在火柴盒上一划，黑暗中燃起了一道绚丽的金黄色火焰。

没过多久，耳畔就传来了一阵声响。一只蜜蜂从通风口飞了进来，绕着奥姆的脑袋转了几圈。奥姆正想把它赶走，谁知它突然化作一团烟雾，像星星一样闪了一下，就消失了。

这时，智者已经出现在了房间的角落里。

“看来这场旅行让你筋疲力尽啊。”智者走向奥姆，小声说道，“所以，你已经遇到麻烦了？”

奥姆向他讲述了自己的悲惨经历。说完之后，两人沉默了好一阵子，智者才开口说话：“朋友，这说明你还是没学会如何控制自己的情绪！”

“但他们也有错。”奥姆为自己辩护道，“刚开始，我一直很冷静、很礼貌，但是那个男的太过分了，而且他越说越不近人情。我受此大辱，根本没法无动于衷！”

“我明白。”智者回答，“这是你学艺以来的第一个考验，而‘保持冷静’是你要学会的第一个本领。学不会这个，你就永远没办法解决争端。在我们遇到问题时，‘愤怒’是最具破坏力的一种情绪，而你首先要学会的就是抑制住这种情绪。但是抑制愤怒并不代表你不能愤怒，而是既要意识到你的愤怒，同时又要将它控制住。之所以要‘意识到’愤怒，是因为它可以像一个信号一样提醒你‘情况有些不对’，而‘控制住’愤怒，是因为愤怒会让你有‘与人较量’的冲动，进而引发你与他人的‘口角’。”

“那我该怎么办呢？”奥姆问道。

“这就是我此次前来的目的，”智者一边轻轻地拍着他的头，一边和蔼地对他说，“但是第一步，我们得先从这里出去。”

说着，智者将右手伸进口袋里，掏出了一小把金光闪闪的粉末，往空中一撒，两人一下子就逃了出来，来到了集市广场上的一棵大树下。

“跟我来，”智者说，“咱们不能待在这儿。”

于是，他拉着奥姆穿街走巷，最后来到了另一个广场，比上一个广场小了很多。广场中央是一座喷泉，水流发出的汩汩声令人心平气和。来到这个地方让人内心感到平静和安详。

智者坐在喷泉边的栏杆上，叫奥姆也坐过来。

“要想控制住你的愤怒，”智者说道，“可以有很多种方法。

我现在告诉你三种。”

“三种？”奥姆吃惊地问道。

“没错。”智者回答，“第一种，也是最有效的一种，它可以让你的这种情绪瞬间消失，就像对你施了魔法一样。”

“太好了！”奥姆打断他说，“这正是我需要的！”

“让我说完。这是种神奇的方法，但同样也是最难学的、需要花最长时间掌握的。”

“啊，”奥姆说，“那第二种呢？”

“第二种不如第一种见效快：它不会让你的愤怒消失，但可以让这种情绪减弱。不过，这种方法通常能够让你避免做出冲动的行为。它没有那么难学，学会的时间也会短一些。”

“好，”奥姆说，“那第三种呢？”

“第三种是最容易的，谁都能够学会。但是这种方法最容易让人感到沮丧和痛苦。它不会让愤怒消失，相反，你的情绪不会受任何影响。它只是避免让你将局势恶化。如果你掌握了这种方法，虽然过程会让你觉得沮丧，但它是你成功解决问题的关键一步。好了，你想从哪一种开始学起呢？”

“最神奇的方法！”奥姆回答。他并不是太想使用那种效果打了折扣的方法，也不想用那种令人沮丧、痛苦而且并不怎么见效的方法。

第一种方法：最神奇的方法

“好的，”智者说，“但要传授你这项技能的不是我。你得前往冰山上的澹定隐修院，去拜访德高望重的大师布世冲尼。聆听得道高人的教诲。”

“冰山在哪里呢？修道院又在哪里？”奥姆立刻问道。

“你没必要知道。今天你就与远征队一起出发，他们每个月会往修道院运送一次必需品。队里有五个人，由向导带队。你一到达，就以我的名义去拜访大师。等你从他那儿学成后就回到这镇子上来。届时，你会得到继续学艺旅程的下一步指示。

“一小时后远征队的人会来这里接你。别跑远了。”

语毕，智者起身优哉游哉地离开了。

奥姆对于前往一座陌生的隐修院感到有点不安，尤其是，这座山的名字听起来一丁点儿都不让人感到温暖。

一小时之后，奥姆看见五个人向他走来。带头的那个身材高大，简直是个巨人。他比同伴们整整高出了一个头还多。他向奥姆扬了扬下巴。

奥姆热情地打招呼“你好！”，但大高个儿无视了这句问候，冷冰冰地说："跟上我们！别磨蹭。我们必须得在天黑前赶到。希望你腿脚利索，毕竟我们可不会等着你。"

"这人可真够呛！"奥姆嘟哝着抱怨，紧跟上了已经开始行进的远征队。

队伍疾速前行。好在奥姆身强体壮，跟上他们的步伐倒也不成问题。

他们就这样马不停蹄走了好几个小时。暮色渐临，天也越来越冷。奥姆开始感到饥饿和疲惫。陡峭的路途和那些幽深的峡谷让旅程变得艰辛漫长。

为了保证安全，队里的人牵着一条绳索行进。但那绳子太短了，够不到奥姆。他只好走在队尾，牵着前面人的大外套往前走。

突然，山中的雾气弥漫开来，像厚厚的斗篷，笼罩了一切。人们只能看清眼前一两米远。

领队用不容置疑的语气说道："隐修院就在不远处。我们在下一个舍利塔右转，再走大约三百米就会到达。大家跟紧队伍，这周围都是悬崖。"

奥姆打了个寒战。雾气越来越浓，小路被冰雪覆盖。奥姆心中一阵恐慌。这样的天气中，队伍该如何辨别方向呢？

幸好，穿过浓雾，奥姆已经可以看到舍利塔的巨大轮廓浮现在前方。他松了口气，越发揪紧了前面人的外套。

按照惯例，在朝着隐修院进发之前，队伍要先绕着神圣的舍利塔绕三圈。然而行进了大约百来米之后，一种莫名的担忧笼罩了奥姆。恐慌焦灼的情绪在他胃里翻腾起来。“有哪里不太对！”他想。

突然，他的血液仿佛凝固了。假如他们刚刚并没绕着舍利塔转整整三圈，而是转了三圈半或者两圈半呢？那队伍现在就正在朝着隐修院的反方向前进了！甚至，有可能是直冲着某个悬崖去了！

他试着冷静下来平息这想法，但恐慌的感觉挥之不去。于是他大喊：

“等等！”

前面的人充耳不闻，只顾继续前行。奥姆只好再次提高嗓门儿：

“先生，我觉得你搞错了！我们走错方向了！”

高大的领队头也不回地回答：

“不，没有。就是这个方向！这条路我走了十多次！”

说完，他加快了脚步。

奥姆越来越慌了。

他变得越来越焦虑。莫名的恐慌让他想松开前面人的外套，但对掉队落单的恐惧又促使他紧跟队伍。

突然，领队发出了一声尖叫，奥姆一下子松开了手。他甚至没来得及看到前面的人是如何掉下去的。

他吓得凝固在了原地。“这太恐怖了，太可怖了！”整个人抖如筛糠。

“我得去求救，我们肯定是多转了半圈，绝对是这样。”奥姆一边折返，一边喃喃自语着给自己打气。

“我只需要冲着反方向走，跟着我们刚刚的脚印回到舍利塔，然后直走！直走三百米就是隐修院了。”

很快，一个高大的建筑物出现在他面前。他跑向那巨大的门扉，拳头用力地锤击，嘶喊道：“开门，开门哪！救命，救命呀！”

只听门那边传来了脚步声，接着门便打开了。奥姆看到一个高大的和尚眉毛挑起，正对着他微笑。他对来人讲述了刚刚发生的悲剧一幕，而后便瘫倒在地上，晕了过去。

当他醒来时，太阳高挂在天空中，而他正舒舒服服地躺在一张床上。房间的天窗冲着大山。他坐了起来，眼前的风景美得令人惊叹。

然而，刚刚发生的一切浮现在他眼前：领队、舍利塔、尖叫声。于是他匆匆走出房间，在走廊里大喊：“喂！有人吗？”

昨天那个高大的和尚出现了，脸上带着惊讶的神情。

他的笑容与昨天一模一样，眼神随和。

“您找到他们了吗？”奥姆连忙追问。高大的僧人又挑了挑眉，脸上绽放出灿烂的笑容。

“当然，当然，他们运气很好，那只是一条很浅的沟壑。有人摔断了腿，有人摔折了胳膊。他们可欠了你一份大人情。”

“这没什么。”奥姆小声回答，听到人们平安无事，他放下了心。

“我叫奥姆。”他自我介绍道。

“我是布世冲尼。”和尚回复。

“太巧了！”奥姆一下子激动起来，“我此行正是为了见您。”

“幸会幸会，”僧人又笑了，“那看来您确实运气不错。”

“我到这儿来是为了向您学习法术，那种传说能消除情绪的法术。”

“我知道，我知道。”僧人点头说。

“什么，您已经知道了？那您愿意将这门法术传授于我吗？”

“或许吧。”

僧人的面色突然严肃起来，但依旧不失和蔼，他说道：“但我得先提醒您一句。”

“提醒我什么呢？”奥姆问。

“回答我一个问题：您昨天是怎么察觉到危险的呢？是什么警示了您？”

“最开始，我只是觉得怪怪的，好像有什么事情不对劲儿。接下来，那忧虑感越来越强烈。直到最后，恐慌完全淹没了我。”

“也就是说，”高僧打断了他，“正是您的情绪使您察觉到了危险。那么，您怎么会打算消除这些能拯救您生命的情绪呢？您不觉得这想法很古怪吗？”

奥姆感到有点迷茫，他一时想不明白了。僧人久久地凝视着他，那眼神仿佛直入心底，让他感觉像是被温暖包围了。

“您要知道，”僧人说，“像恐惧或愤怒这样的情绪，在警示您的同时也给您面对危险的能量。情绪给您的警示，先去听听，总是好的。听完之后再去判断这些危险是否真的存在。作为能量的情绪并无好坏之分。只是有时他们的爆发来得恰到好处，有时候却不合时宜。一切都取决于您如何利用它。就像您可以用锤子钉钉子，也可以用它锤别人的脑袋。锤子还是那个锤子，用法却不同了。

“所以，在打算消除情绪之前，您得先学会分析他们是不是合乎时宜。

“假如真的有必要缓和那些情绪，我倒确实是可以教您一种神奇的方法。跟我来。”他转过身说道。

二人从隐修院出来，外面空气清新，皑皑的白雪像成千上万的水晶莹莹闪烁。僧人找到一张长凳，邀请奥姆坐在他身边。

隐修院修建在山峰上，这座山峰远高出周边其他的山。眼前的景色巍峨雄壮，让奥姆以为自己是一只飞在空中的鸟儿。

一阵沉默过后，僧人说话了。

“现在的状况对您非常有利。远征队发生了事故，这时候教您这种技艺，才能令您印象深刻。但老话说得好，师傅领进门，修行在个人。您得自己去发现昨天发生了什么事儿。”

“我们绕着舍利塔多转了半圈，”奥姆解释说，“结果就冲着隐修院的反方向去了，我很早就警告了领队，但是他根本不听。他以为我们正朝着正确的方向行进，其实却径直冲着悬崖走了过去。”

“这种错误很常见，有的时候，真实的情况和我们所以为的相去甚远。如果我们只从自己以为的想法出发作决定，那是极度危险的。您的领队正是犯了这个错误。我们把这种现象叫作‘负向表现错误’。有时候，这种错误会让人付出高昂的代价。”

“为什么要跟我讲这个呢？这和控制情绪有什么关系？”奥姆很困惑。

“因为您的情绪并非根据现实产生，而是源自您自己的想法，”僧人说，“换句话说，情绪并不取决于您正在经历什么，而取决于您觉得自己经历了什么。比如在产生分歧的情况下，人们往往会相信一些表象。而这种错觉，会引发愤怒这样的情绪，激发冲突。”

“这样的错觉有哪些呢？”奥姆问道。

“第一，当别人不同意我们的看法时，我们就会认为他想跟我们对着干，是不是？”

“没错！”奥姆回答，“那么其实呢？”

“其实真实的情况恰恰相反。”

“相反，啊，所以您是说，对方其实是为自己考虑，为了保护自己的利益？”奥姆尝试着理解。

“正是如此！”僧人感叹。

“那么然后呢？这和控制情绪有什么关系呢？”

“有点耐心，”僧人微笑着回答，“我正要接着说呢。第二个错误是：当有人威胁我们时，我们会认为他想让我们害怕，但其实，真正的情况也恰恰相反。”

“是威胁者自己在感到恐惧？”奥姆略有些疑惑地反问。

“正是如此，对方在害怕。毕竟，如果他不害怕，何须威胁别人呢？”

“确实是这样，所以呢？”

“别急别急，我正要继续呢。第三个错误是：如果别人批评或者侮辱我们，我们会觉得他打算伤害我们。是这样吗？”

“但事实上并非如此，如果一个人表现得极具攻击性，是因为他自己正在痛苦当中，记得我奶奶曾经常说：‘世上并没有坏人，只有受苦的人罢了。’这话是对的吗？”奥姆仿佛领悟了。

“至少我这么认为。”

“那第四个错误呢？”

“当别人表现出轻蔑时，我们总认为这代表他看不起我们，是不是？但实际上那些总表现出鄙夷的人真正看不起的是自己。于是，为了平衡内心的自卑，他们总是试图显得高高在上。”

“原来如此，然后呢？”

“这正是将我们引向冲突的四个错误。另外，让您来这儿找我的那个老人，是不是给了您一块石板？”

“您怎么知道的？”奥姆感到很诧异。

“嘿嘿，能把它拿给我吗？”僧人没有回答，继续说道。

他接过奥姆递给他的石板，在另一面刻了些什么东西，写完后，又把石板还给奥姆，说道：“这下你应该能记得更清楚。”

对方拒绝 = 他有自己的需求

对方威胁 = 他害怕了

对方表现出攻击性 = 他在承受痛苦

对方表现出轻蔑 = 他自卑

“谢谢您，但是我始终不明白这和让情绪消失的魔法到底有什么联系。到现在为止，我唯一看到消失的东西只有失足摔下深沟的远征队而已。”

僧人露出了恶作剧成功一般的笑容。

“您已经掌握了要领！”僧人很开心地说。

“我根本什么都没明白，”他暗暗想，“这个和尚疯了，我到这儿来找他根本是浪费时间。”

僧人站了起来。

“现在您已经上完了第一堂课，只需要学以致用，多加练习。每当机会出现，您就用上它们。”

“他一定是个妄想狂！”奥姆想。

“您现在可以回到我朋友那里了，你们约好了在您出发的小镇见面是吗？

“有两位见习修士今天要到下边的山谷去，他们会在大舍利塔前头等着您，和他们一起走，路上也有个伴儿。记得要小心蟒蛇，那附近蟒蛇可非常多。”

“什么，这里会有蟒蛇？他又在说些疯话了！”年轻的国王腹诽。

僧人双手合十向他作揖。奥姆没见过这阵势，只好模仿他的动作也鞠了一躬。此时，隐修院传来了古朴悠扬的钟声。奥姆抬头去看，却发现僧人已经消失了。

所有这一切都太荒谬了。他真的不是在做梦吗？

奥姆觉得很迷茫，他只好开始往舍利塔的方向走。他一边梦游般地前行，一边试图想明白刚刚的事情。烈日当空，他没戴帽子，热得太阳穴突突地跳。

突然，他看见面前盘着一条蟒蛇。他连忙后跳一步，吓得寒毛倒竖，心跳加速。然而等他再定睛一看，那所谓的蟒蛇竟只是一根绳子。

所有的恐惧骤然消失了。“太蠢了！”他想，“只不过是一条绳子罢了！我居然把一根小小的绳子当成了蟒蛇！”他一方面有点儿庆幸逃脱了本身并不存在的危险，另一方面又对自己和僧人感到有些生气：“这也得怪他，瞎说什么小心蟒蛇，他绝对是故意的！”

他继续走着，但突然想起当自己纠正错觉之后，心中的恐惧是怎样骤然消散的。

“这就是对事实的误判！我正是犯了这种错误。我以为自己看到了蟒蛇，于是感到害怕，最后却发现那不过是条绳子，恐惧也跟着烟消云散，啊，这简直就像魔法一样！”

他非常兴奋，继续走向舍利塔。在那儿，他果然遇到了两位见习修士，三人一起踏上了旅程。行至半路，他们进入一座寺院，借到了一辆毛驴牵着的小车。这下可以坐车前进了。奥姆很开心，主动提出负责驾车。

接着，他们遇到一条羊肠小道。路两侧都是深沟。有那么将近百米长的路窄得出奇，驴车的轮子时不时陷到深沟旁。奥姆全神贯注地赶着车子，犹豫着要不要下车来引着毛驴前进。就在此时，他听到身后传来叫喊声。他一回过头便看到一匹马拉着小篷车，一名男子坐在车前，催促着他的马儿，大喊道：

“快些，再快些！”

“这人太蠢了，”奥姆想，“他让他的马走得再快些，但这路上明明并没有让我们两辆车并行的空间。”

但接下来他意识到了，男子催促的不是马儿，而是自己。

“他以为自己是谁？”奥姆对两名见习修士说。他气得想放慢车速，甚至停下来，好好教教这个莽莽撞撞的人什么叫作耐心。但他父亲曾经教导他，要尊重忍耐别人。于是他选择维持现在的速度。假装后面的车不存在一样，继续往前驾车。两名见习修士担心地看着他，后面的男子继续大喊：“快点儿，往前走，快些！”

奥姆越来越生气了。此人实在是太傲慢了。他有什么权利命令别人？

最后，小道逐渐变宽，他听到后面的男子一直在催促自己的马匹，全速越过了他，一个眼神也没给他。

想到这个粗鲁家伙无礼的举动，奥姆有很长一段时间都感到非常气愤。他一直在生气，直到在拐弯处，他看到男子的马车停在一座小小的房子前。而刚刚的驾车人，急急忙忙地从车上走下来，提着一个箱子。稍远一些的地方，一男一女从房子里走出，向他跑来，女子怀中抱着一个冷冰冰的孩子，一动不动的。

奥姆在此时意识到了自己可怕的错误：那男子是要赶来

救治孩子的医生。一瞬间，他对情势的看法完全逆转了：眼前的人不再是一个毫无礼貌莽莽撞撞的家伙，而是一位救死扶伤的医者。他心中的怒气一下子消失了，现在他甚至为刚刚的做法感到羞耻，并且很想帮助这些人。他明白了，自己方才的愤怒实际上是出于对情况的无知。

他在口袋里翻找，拿出了石头，仔仔细细阅读了僧人刻上去的东西，犹如醍醐灌顶般明白了一切："原来如此，我的恐惧愤怒并非源自真实的情况，而是源于我对事实的理解。换句话说，就是我以为的事实。在分歧中，我认为人们是在针对我，他们想要让我害怕，想伤害我，然后愤怒就这样产生了。反之，如果我能明白，他并不是在针对我，只是在维护自己的利益，他并没有想让我害怕，只不过是他自己感到恐惧，他并不是打算让我痛苦，只不过是因为他自己正在承受着痛苦，我就没理由感到生气了，甚至，比起针对他，我更愿意倾听安抚他，让他安心。完全不同的情感就会由此诞生：好奇心、同情和同理心。这简直不可思议，这是怎样的一种奇妙的转变呀！"

当晚，奥姆与智者会面了。他很开心再次见到这位老者，立即向他讲述了自己和运输队的冒险、与僧人的会面、蟒蛇、路上遇到的医生，以及他通过这次旅行收获的经验：在与他人出现意见分歧时，纠正自己错误的看法，情绪就会自发地消失。

“完美，太完美了！”智者说，“你还可以用更简单的方式来总结你学到的一切。”

“怎么做到呢？”奥姆好奇地问。

“看看那块石头。拒绝、争吵、威胁、攻击性，实际上这些情绪都与你毫无关系，全都是对方自己的事情，完全与你无关，如果你能领悟到这一点，你的愤怒就不会产生了。当然，这说起来简单，做起来难。”

“所以我们能用一句话总结吗：别把这看作是针对你的？”

“看来你已经彻底领悟啦，”智者开心地说，“现在你需要做的只是练习使用这技巧。现在你可以离开这个地方，进入第二个世界了，在那儿，你会接受第二次启迪。”

“我要怎么离开这个世界呢？”

“首先你得走到三岔路口那儿去。那里有一列门，总共三扇，每扇都有一个守卫把守。你需要依次让守卫帮助你打开门。打开第三扇门后，你就会看到带你去往第二个世界的通道了！牢记你刚刚学到的，好好地应用它们！”

语毕，老人站了起来，向奥姆挥了挥手，头也不回地离开了。

尽管智者已经离开，奥姆依旧满怀喜悦与希望。他刚刚接受了第一次教导，满心焦灼，想要去实践他学到的东西。“一切都进展顺利的话，几天之后我就可以返回自己的国家，带着新学到的一身技艺，虽然这些技艺或许会很难，但是一定非常有效！”

就在此时，他发现了一个铁匠铺，他在那儿买了一把锋利而轻快的剑。智者曾让他别带任何武器，但这要求应当只是暂时的，现在已经不适用了。正式的旅程就要开始了，有备无患总是好的。

于是奥姆踏上了寻找三扇门的征途。他一路询问，终于来到了三扇门的面前。他先走向第一扇门，观察了起来。一条小路引向这扇门，而门周围是高高的、切削而成的石头垒成的城墙，围住了整座城市。

沉重的大锁挂在门上，将门锁了起来。这门是木制的，厚重但很低，仅仅比奥姆高一点点，他可以很轻松地翻过去，但奥姆看到有一个士兵守卫着这扇门。他腰侧别着一把剑，右手握着一柄奇怪的武器：有一条锁链连接，武器的那头是一个长满尖刺的金属球。奥姆谨慎地从远处观察。

“您好，能否劳驾您帮我打开这扇门呢？我想要离开这个村庄。”奥姆试图搭话。

“不行，这是不允许的。”士兵干巴巴地回答。

奥姆立马感到这生硬的拒绝引发了自己心中的小小不满，但他仍旧控制着自己，继续说道：

“这对我来说很重要，我真的得离开这儿。”

“规矩就是规矩。”士兵的回答听上去毫无回旋的余地。

奥姆很不习惯有人这样拒绝他，也不经常有人这样跟他说话。“又是一个这种拿着鸡毛当令箭的专会为难别人的小狱卒！”他感到怒气上头，但依旧努力保持冷静，“甚至不需要用到我学到的方法，老者会感到很惊讶的。”

“我会跟您解释的，”他继续说道，“由于国家的河流改道，我的人民没有水源可用了。现在我急需离开这里好找办法帮助他们。”

“这不关我的事。”守卫语气傲慢。

奥姆感到气血上涌，这人以为自己是谁？他渐渐难以控制自己的怒气，他依旧试图去克制，但这变得越来越艰难了。

“刚学到的方法……快，接下来我该怎么做呢？”僧人的教诲在这一刻显得那么遥远，仿佛被关进了他大脑里沉睡的一部分。而怒气则从沉睡中苏醒，完全占据了他的思绪，他感到胸中热气上涌，面红耳赤。

“不关您的事？很快就会与您有关了！”他威胁道。

正在此时，奥姆听到门那边传来奇怪的声音。一种奇怪的魔法使得门一厘米一厘米慢慢长高了。

“我不能继续在这儿浪费时间了，得在门变得太高之前翻过去。”他这样想着，朝着守卫的方向迈进了一步。后者见此，抡起了那个长满尖刺的武器。

“别过来！”他大喊。

奥姆的心越跳越快，回答道："您可吓不住我。"

士兵把那武器挥动得更快了，另一只手也握住了剑柄。

"再往前一步，您可会后悔的！"

"该后悔的是您才对，您会为了阻碍我离开这里而感到后悔的，您会后悔惹上了我！"奥姆反击。

门那边的声音变得更大了：那扇门仍旧在继续长高，并且速度越来越快。几秒钟过后已经长高了一米多。再过一会儿，奥姆就无法翻过它了。"这到底是什么妖术？"奥姆一边疑惑，一边感觉到自己完全被愤怒操纵了。他将手放在剑上。只见那门增高得更快了，已经有将近三米高。

突然间，奥姆脑海中传来一个小小的声音，那是智者的声音。那声音小声对他说："你就打算这样被自己的情感操纵吗？我以为控制愤怒对你来说很简单呢。你刚刚所学到的，要学以致用呀。"

"什么……"奥姆一边说一边停下了攻击的姿势。他的脑袋被汹涌的情绪搅得一团糟。费了好大的劲儿才想起来……他在脑海中看到了僧人慈祥的笑脸。对呀！表象错误！一切仿佛都清楚了起来。

他迅速思考："让我看看，让我看看。我现在错把什么当作了真的呢？"他继续思考："让我想想，让我想想，啊，对了！我认为这个守卫之所以想要阻止我，无非是拿着鸡毛当令箭，想要用用他那小小的权力！对，我是这么以为的。他的态度还有别的解释吗？”他继续思考：“天哪，这可真难！为什么一个神奇的方法用起来会这么艰难呢？而放任自己被愤怒控制却那么自然简单。让我想想，这个守卫是怎么想的呢？如果我是他，我会怎么做呢？或许他只是在尽忠职守地履行自己的职责，会不会是这样呢？”

他的想法改变了，他开始试着换一个角度去看待这名守卫。他开始这样去理解他：这是一个忠于使命的人。“如果我想找人看守我的宫殿，一定也希望能找到这样的士兵。”他想。

他的怒气一下子消失了，转而被一种理解之情所取代。“原来如此，这真的有用！”他自言自语道。他的整个态度都逆转了：他的眼神、他的姿势和他的动作。仿佛魔法一般，奥姆整个人一下子放松了下来。

那名士兵仿佛也察觉到了这变化。他不再转动自己手中的武器了。虽然依旧把手放在武器上，一副随时蓄势待发的样子。

奥姆继续思考：“而且，这个人用他的武器威胁我，如果真像僧人所说的，那这大概是因为他自己也感到害怕。那为什么他会害怕呢？害怕我吗？这真荒唐，我根本不想伤害他，我只不过是想从这儿出去而已！”他又想了想……“不过这害怕倒也情有可原！我身带武器，而且一副很坚决的、要越过他看守的大门的样子。他感到害怕也是很正常的事情。”

现在在他眼前的不再是一个想要行使自己小小的权力、

目光短浅的小兵，而是一个担心奥姆会发起战斗的尽忠职守的侍卫。

意识到这一切，奥姆决定安抚他。他向后退了一步，接着又退了一步。士兵放下了武器，门也不再长高了。

“非常抱歉，我刚刚太冲动了。因为我真的急需立刻从这里出去，但却不知道该如何做才好。”士兵收起了他的武器，不易察觉地舒了口气。门渐渐矮了下来。

“您得拿一张通行证来，您可以在身后的边境管理处拿到它。价格是两银币。”他不带感情地说道。

“这下搞定了，”奥姆想，“真是令人难以置信，僧人说的是真的。这神奇的方法可真神奇！那我为什么花了这么久才想起来呢？两个人都做好了战斗的准备，没有一丁点儿打算去质疑自己所相信的是不是真的。这真是个神奇的方法……但也真困难呀！”

过了一会儿，奥姆拿着通行证回来了。令他惊讶的是，他没看到刚刚的那扇门：那门仿佛融进了地面。那守卫也跟着消失了。

他面前有一条小路，穿过了一个种满女王绣线菊的花园。路的尽头连着另外一堵墙，比之前的略高一些。在两堵墙之间，是翠绿的田野，小牛们安静地来来往往。

第二种方法：相对容易而且效果不错

奥姆发现路的尽头是一扇厚重的金属门。门的两边各有一座石塔：右边的一座没有门窗；左边的一座相对更大一些，但是有一扇巨大的铁栅栏拦住了入口。

奥姆靠近栅栏，向里边看了一眼。他发现第一个房间是空的，穿过一条长约十五米的走廊，便到了第二个房间。第二扇栅栏与第一扇相对称，在墙的另一边，向外开着。奥姆发现了一个人影，一个男人坐在桌子上，他穿着和第一扇门的守卫相似的衣服。他又高又瘦，正忙着将一把小石子抛到空中，等落在桌子上之后，他能够一把把它们抓起来。

“他在玩儿羊拐！”奥姆喊道，“他在值班的时候玩游戏！看来他不是个很尽忠职守的人。那这一扇门或许比第一扇好进。”

他把手肘拄在栅栏上，把手拱成扩音器的形状，放在嘴边，大喊：“嘿，先生！”对面的人没有理睬他。

“您好！”奥姆试着把声音放大一些。

对方一直没有回应：守卫接着玩儿自己的，好像没听见有人叫他似的。奥姆又喊了一声，这回更大声了：“嘿，先生。”还是没有回应。

“他是故意的吗？”奥姆很纳闷。他又叫了几遍，还把手指放到嘴里吹了几声口哨。

对方却头也不回。奥姆顿时怒上心头：“这种冷漠是赤裸裸的瞧不起人！这个游手好闲的家伙！都这把年纪了不工作，却在玩儿羊拐，真丢人！”

愤怒慢慢在他心中积蓄，他两手抓着栏杆，摇晃着大喊：“嘿，嘿！”他叫得越来越大声。但是栏杆一动不动，守卫也无动于衷。

看到自己完全是白费力气，奥姆努力保持镇定。“生气是没有用的。”他自言自语道，“况且我现在需要练习控制住情绪！想想智者是怎么教我的。没错，生气代表错误！理论上讲，这种人公开藐视我，说明他自尊心不强。但是然后呢？知道这些，对我现在所处的局面来说有什么帮助呢？”

“另外，对于‘藐视’的这种解读并不能让我信服。有些家伙之所以看不起别人，就是因为他们觉得自己高人一等，不是吗？所以我的愤怒是有道理的！我不会任凭自己被锁在这里的！”于是，他又起身，再次摇晃着栅栏大喊：“嘿，嘿！”还是没有用。

奥姆意识到自己的愤怒升级了：一方面是因为守卫的态度，一方面是因他没能将自己学到的东西学以致用。他一下子慌了：神奇的方法不管用了，该怎么办呢？他的愤怒根本没有消退，一时不知该怎么办了。

“我得叫智者出来了。他还没有教我另一种比较简单的方法呢。”他把手伸进口袋里，拿出了火柴盒。这时他想起来，里边只剩下五根火柴了，而自己刚踏上这趟旅行的第一阶段！他犹豫了一会儿，然后还是下定决心要用一根。

他此刻太紧张了，一下子把火柴折成了两半。他捡起剩下的一半，打着了。但是由于火柴太短了，他一下烧到了手指头，赶紧扔到了地上，火焰也随即熄灭了。“完蛋了！”他心想，“我浪费掉了一根火柴！”

奥姆顿时手足无措。他脑子里如同一团乱麻，一下子没听出来是谁在对他讲话：“怎么，你动怒了？”

奥姆转过身来，说：“是智者！”脸上随即露出了笑容。

“您的方法不管用了！”奥姆立刻说道，并向他解释了刚刚发生的一切。老人仔细地听着。

“嗯。”他听完之后说，“这种情况比上一种要复杂。你很快就意识到了自己要面对的是一个懒惰又轻蔑的人。但事实上，你根本没搞清楚是怎么一回事。对于我来说，我更在意别的事情，但究竟是什么，我现在说不清楚。但是有一点是确定的，你对他这种态度的解读引起了你的愤怒。受到愤怒情绪的影响，你很难静下心来好好分析现在的情形，以找到方法通过这扇门。现在重要的是你要回归内心的平静。如果第一种方法对你不管用，那很正常，因为你刚刚开始学，尚需一些时日才能掌握。改变信念是一件很难的事，这可能需要一生的时间来修炼。所以，我要教你第二种更为简单的方法……这种方法同样没有那么有效，因为它不会让愤怒情绪消失，只能让它减弱。”

说完，他转身走向牛圈。他毫不犹豫地跳进了牛圈里，然后转过身来。奥姆十分错愕地在另一头一动不动。

“怎么？你在干吗？”智者有些不耐烦了，“我不是让你跟着我吗。”

“是的，可是……”

“可是什么？”

“公……公……公牛……”奥姆结巴起来，“小心点！”

“你还想不想救你的百姓了？”

奥姆也跳进了牛圈。等他走到智者身边，结结巴巴地说：“我家里也养牛，我知道它们挺危险的。特别是这些小牛。”

“只有我们拿块红布在它们面前时才危险！”智者回答道。说着，他从自己的布袋里掏出了一块鲜艳的红布。

“您要干什么？”奥姆吓坏了，“您疯了吗！”

其中一只公牛在二十米开外的地方紧紧地盯着他们二人。

“快把布藏起来！”奥姆喊道，“它会来撞翻我们的！”

智者满脸微笑，将红布展开，并挥舞起来。那只公牛将它肥硕的躯体对准他们二人的方向，两只鼻孔呼哧呼哧地冒着白气，右前蹄开始缓慢地向后刨土，铁掌用力地摩擦着干巴巴的土地，周围扬起了一片灰尘。奥姆一下跳到了围栏的外边。

“求求您，别待在那儿了！”奥姆恳求道。

智者大手一挥，将红布翻了过来，冲着公牛的一面一下子变成了淡黄色。不由分说，公牛刨土的那只蹄子随即停了下来，呼吸也平缓下来。公牛重新啃食身边的青草，但是两眼却还目不转睛地盯着二人。

“出来吧！”奥姆恳求道，“而且，千万别再将红的那面对着它了！”

“好的。”智者嘴上说着，手里却又把红的一面转向了公牛。公牛立刻再次喘起了粗气，铁掌又开始摩擦地面。

“您这是在干什么？”奥姆惊慌地问道，“快停下来！”

“我要向你证明一件事！好好看看发生了什么。我们待会儿再聊。”

智者等了一会儿，直至看到公牛“怒火中烧”，才又一次把红色的一面转了过去。公牛也冷静了下来。

智者又反复试验了几次，效果都是一样的。

“看好了。”这回，智者挥舞着斗篷，红色的一面一直对着公牛。

公牛又喘起了粗气，并开始刨地。智者继续抖动他的斗篷。突然，那只畜生以惊人的速度冲了过来，释放出一种巨大的蛮力。奥姆吓得一动不动。

智者却接着在脸前挥舞着斗篷。正当公牛冲向他时，只见他腾空一转，躲过了公牛的袭击，而斗篷上却留下了两个牛角顶出的窟窿。

公牛跑出去几步，随后转过头来，面露凶色。智者以极其轻快的身法纵身一跃，跳出了围栏，站到了奥姆旁边。

“哈哈！”他大笑起来，“你看到了吗？看到了吗？”

“这简直是胡闹，”奥姆愤怒地回答，“您还把我也吓了一跳！”

“哈哈！这都是小事！重要的是你全都看到了。”

“是的，我看到一个老疯子自己吓自己玩儿，而且还把他的朋友吓了一跳。我只看到了这些！”

智者慈祥地看着他。

“你会明白的。”他边说边盘着腿坐在了青草地上。

奥姆也随他坐了下来。

“是这样，”智者讲道，“你看到了，当我抖动红色的一面，我们的‘老伙计’就被惹怒了。”

“没错，这谁都知道。红色能刺激到公牛。”

“你也看到了，”智者没有理会奥姆的题外话，继续说道，“当我把黄色的一面转过去时，它又平静了下来。”

“没错。”

“最后，你还看到了，只有当我一直举着红色的一面不动时，它才会冲过来。”

“没错。它需要点儿时间才能真的付诸行动。一开始，它先表露出自己的紧张不安，好像是在提醒我们。后来它才冲过来。”

“没错，就是这样。我说得已经够多了，剩下的任务交给你来完成。”智者突然一脸严肃地皱起了眉头，“上场吧！我希望你能好好记住这个教训。走吧！快去！短时间内我不想再听到你的消息！”

智者如同一个神出鬼没的幻影一样，再次消失了……

奥姆顿时惊慌失措：“教训？什么教训？我什么也没搞懂啊！”奥姆随后振作起精神，站起身来，“回到塔里去！或许守卫过会儿能够通融通融呢。”

等到他爬到了五十米左右的高处，发现守卫正在栅栏前卖力地清扫地面。“机会来了！”他眉飞色舞地说，“守卫走出来了，他再也没法装作看不到我了。”奥姆加快了脚步，“而且，他没有我想象中那么懒惰。真是时来运转！”

突然，守卫站转了个弯，面向了奥姆这边，然后放下了手中的扫把，返回塔中，锁好了门，消失在了楼道中。

心脏在奥姆的胸腔里咚咚地跳跃着。他喊道：“喂！等一下！等一下！”他走到栅栏跟前，看到对方慵懒地再次坐到桌前，重新玩儿起了羊拐，丝毫不在意奥姆的存在。“喂！喂！”奥姆又喊道。

没有回应。

奥姆心想：“这一次我知道他肯定是故意的！我确定他看

到我了！”

于是，他握紧了栅栏，用尽全力摇晃起来。愤怒的他满脸通红，他看着守卫，越来越生气。

突然，他又想到了智者和公牛。“我的愤怒和公牛如出一辙，”他心想，“守卫就像是那块红布。我越是看着他，心里就越生气。”

“智者是怎样让那头畜生冷静下来的呢？对了，他把斗篷黄色的一面转向了它！那黄色的一面在这种情况下，象征着什么呢？”他环顾四周，寻找着像黄布一样能够使人怒火平息的东西。

突然，他意识到在愤怒的作用下，自己的呼吸开始变得急促起来。他努力集中精力，成功将呼吸的节奏调整回来。他的武术老师曾经教过他，要用肚子呼吸，并且呼气的时间要比吸气的时间更长一些。他在心里数着“一，二，三，吸气；一，二，三，四，五，六，呼气”。他按照这种方法呼吸了三次之后，发现自己的双手已经松开了栅栏，心里感到平静了许多。他再次望向守卫，谁知怒火再一次涌上心头。他再次深呼吸。两分钟后，怒火明显平息了好多。

他自言自语道：“我找到方法了！黄布就是‘呼吸’！只要我深呼吸一段时间，就能够冷静下来。我呼气比吸气的时间越长，就越容易回归冷静。太棒了！虽然我还有一丝生气，但是这种情绪已经减弱好多了。”

“我们来好好分析一下：很明显，叫喊和摇晃栅栏并非良策，我应该找到另一条妙计通过这扇门。”

他往后退了几步，一边打量着石塔、城墙和铁门，一边想着对策。“或许……”说着，他走到了大门跟前。他扭动大门的金属门把手，居然一下子就打开了。原来门没有锁！由于脑子里刚刚被怒气占据，他只顾着召唤守卫，而没发现门居然是开着的！

“毫无疑问，”他跨过门槛自言自语道，“愤怒简直就是迷魂汤。我哪怕稍微冷静一点，也会想到找其他对策。”

他来到了一个比之前更大、草木更旺盛的花园。一条沙子铺成的小路通向第三座城墙，高度和前边的一样。路的尽头是一扇巨大的木门，上边钉着金属门钉。“这条路肯定也不好走！”他说，“但是通过这扇门，我就自由了！学艺的第一阶段也就大功告成了。”

他由于成功运用了第二种方法，十分开心。

第三种方法：容易却痛苦

奥姆穿过了通向最后一扇门的小路。

他在几步之外谨慎地停了下来，很惊讶地看到那扇门上遍布着尖尖的刺。每扇门扉的正中央有一个门把，用来操纵大门。

门上还有三个门闩，分别由粗粗的锁杆和一个沉重的锁头组成，但三个门闩都开着。

“今天真是我的幸运日！”奥姆想着，很开心地伸手去够那门把。

“喂喂，您以为您在哪儿？”一个声音说道，“谁都不能动这扇门。”

奥姆转过身，只见面前出现一个矮而强壮的男子。他和刚刚的两个守卫穿着一样的制服，但看起来既不勤恳也不懒惰。只是表情非常坚决，像是个自负的家伙。他的长相让奥姆想起了一个故人，一个与自己有着不愉快经历的故人。但他却想不起来具体是谁。

“我很着急，我得尽快离开这个国家。这非常重要。”奥姆说道。

但他还没来得及说完，其中一个门闩就自动合上了，发出了很刺耳的声音。“这又是什么新把戏？”他问。

守卫露出了一个坏笑。

“我对您的故事毫不关心，看起来这扇门也一样。”

“好了，这下我知道他让我想起谁了，红国王！”这种相似让奥姆感到非常困扰。他感觉手臂上寒毛倒竖，后背也因为仇恨起满了鸡皮疙瘩。

这名守卫与仇人相似的长相让奥姆感到很不愉快，而此人傲慢的语气更加剧了他的厌恶。他们或许来自同一个家族呢。奥姆完全被失控的情绪淹没了。他感受到了这一点，并绝望地尝试用所学的知识平息这情绪。但汹涌的仇恨让他所有的尝试付诸东流。心慌意乱之下他说：

“立刻让我出去，要不然……”

他立马认识到了自己的错误，但一切都已经太迟了：第二个门闩发出了相同的刺耳声音，也关上了。

“立刻？哎哟，您看看，我是有幸在和哪位贵人讲话呀？”看门人故意用一种假装尊敬的语气嘲讽道。

奥姆再次试图平息自己的怒火，但是他完全被守卫的话语激怒了。他控制不住地回答道：

“跟一个会毫不犹豫教训一下您这种流氓的人！”

第三个门闩也关上了。

守卫爆发出大笑。

“随您怎么说，尊敬的先生。在这儿可不是我在掌控，而是这扇门自己。看起来，他也不太喜欢您说话的方式！我给您一个好建议：花点时间回去好好想一想，再回来吧，到时候这扇门可能心情会好一点也说不定呢！”

奥姆气得血管快要爆炸。一个小小的守卫，怎么胆敢这样跟他讲话？他把手放在身侧，想要拔出剑来，然而见鬼的是，就连他的宝剑也拒绝听从他的命令，仍旧牢牢地插在剑鞘里。他越是想要拔剑，剑就插得越牢。

守卫一边大肆嘲笑着他，一边走远了。

“看起来就连您的剑都不想听您的话！”

奥姆一下子开始为自己感到羞耻。他刚刚表现得像个自命不凡的浑蛋。他意识到，在自己的国家之外，他并没有那样的权力。没人害怕他。他的命令和姿态只会招来嘲笑。而且他还失落地发觉，仅仅是一个小小的相似之人，就可以让他这般失去理智。

但更糟的是，这说明了他仍然被那些原始的反应所操控，成了情绪的傀儡。他甚至没有一瞬间想着去改正自己的错觉，或是通过深呼吸来找回自己的平静。

“一切发生得太快了，如果我刚刚想到了使用学会的方法，现在可能已经出去了。结果呢？现如今我还被困在这里，而时间在飞速地流逝。”

他想起了智者曾经跟他讲过第三种简单却痛苦的方法。他一开始没想着去用，但现如今他难道还有别的选择吗？

“我要再召唤一次智者。”他想。但回忆起上次见面时智者说的话，他有点担忧：“希望你别没过多久又来召唤我。”

他想了想，决定这次靠自己走出困境。

他席地而坐，背靠着一棵盛开着紫色花朵的美丽大树。他自问道：“什么是所谓的第三种简单却痛苦的方法呢？这种不能平息愤怒，但可以使人自我控制的方法？”

沉浸在思绪中，奥姆过了好久才发现他其实并非一个人。不远处站着一个奇怪的男人，身体瘦弱，近乎全裸，只有腰上缠着一条白色的缠腰布，头戴一条头巾，脸上仿佛只有一对深邃的黑眼睛。

“我能待在这儿吗？”男人很友善地询问奥姆。

“当然。”奥姆迅速回答。

男子在他面前展开一条毯子，上面都是尖尖的小钉子。

“这大概是个苦行者，”奥姆好奇地想，“这个国家真的到处都是钉子。”

“您的毯子是一张扎人的毯子吗？”他问道，悄悄在心里品味着自己的文字游戏。

苦行者没说话，只是躺在了毯子上。奥姆被勾起了好奇心，走近去观察。

“您不会很疼吗？”他问道。

“会呀。”苦行者回答道。

“那您是怎么做的呢？”

“我忍受痛苦。”

“忍受痛苦有什么用？”

“这是一种修行！”

“修行？”

“没错。我在为下个月的一场苦行者比赛作准备，您乐意帮助我吗？”

实际上奥姆不是很想帮他。现下他眼前有更重要的事儿要解决：找到第三种解决方法，简单却痛苦的方法。然而接下来他改变了主意，他想：“无论如何，至少这个苦行者了解什么是痛苦，如果我帮助他，或许会给我一些启发。”

“好的，那我该做些什么呢？”他说。

苦行者从他的头巾里拿出了一只小小的弓箭和一个箭袋，里面有四支箭。

“亲爱的朋友，您射箭准吗？”他问。

“还可以。”奥姆回答说。

“那请您站到离我七步远的地方，把这些箭射到我肚子上。”

“但那样会弄疼您的！”奥姆惊讶地大喊。

“正是如此，”苦行者回答说，“这就是我修行的内容，忍耐痛苦！”

奥姆犹豫了一下，然后他依言站到了七步远的地方，拉开了弓。箭射了出去，扎进了苦行者的肚子。

“做得好！漂亮的一箭！”那人喊道。

接着，他露出了一个大大的微笑，将剑从肚子里拔了出来。

“继续，射第二支箭。但这次请您用点劲儿，我毕竟是要参加比赛的！”

于是这次奥姆更用力地拉开了弓，而后射出了箭。箭又一次射进了苦行者的肚子，这次插得更深了些。

“真准！”苦行者说，看上去很高兴的样子。

他再次微笑着拔出了箭。几滴鲜血从他的伤口喷了出来。他很平静地把剑放在地上，摆在第一支旁边。

“但您在流血，快停止这个愚蠢的游戏！”奥姆担心地说。

“嘿嘿这倒是，是会流点儿血。”苦行者一边继续笑着，一边说。

“他在笑话我。让我们来看看他是不是能一直笑下去。”这次他全力拉开了弓。这箭直中苦行者的肚脐。他疼得颤抖了起来。

“啊，还可以！”苦行者苦笑着说。

他第三次拔出了剑，带着微笑把它放在了一边。

“但是您这样真的没关系吗？”奥姆已经诧异极了。

“当然有关系，”苦行者温柔地回答，“但我们得知道自己想要什么。最后来一次，但这次瞄准我的心脏。”

“他疯了，彻底疯了。”奥姆想。仿佛被蛊惑了一样，他举起了弓箭，瞄准了他的心脏。箭飞了出去。但就在将要射中的那一刹那，苦行者用比闪电还快的速度抓住了飞行的箭矢，淡笑着将它放在了一边：“我还没有疯到那种程度，我亲爱的朋友！”

他像梦一般消失了，地上只留下头巾、拖鞋以及整整齐齐排列在一起的四支箭。

“这是个噩梦。”奥姆自言自语。他掐了自己一下，好确定自己不是在做梦。头巾、拖鞋和箭仍旧在地上。“一定是太阳太大了，我走了太久，疲劳让我产生了幻觉。”

然后他想起了他的人民、河流、红国王以及他的使命。

“我得不惜一切代价找到第三种方法，这种痛苦并不能让感情消失，但是能……除非……他走近了一点点。假如修行者已经给我指出了道路呢？”他蹲下身来检查那些箭矢。

突然他领悟了，顿悟了什么是所谓简单但痛苦的方法。

奥姆对于应用刚刚所学到的方法并没有什么热情，但他还是重新来到了第三扇门面前。

守卫已经回来了。

“能劳烦您为我打开这扇门吗？”

“当然不可能，这不是我的工作，而且，我凭什么要为这种与我无关的事情受累。”

奥姆立即感觉到像是有一支箭矢射入腹中。“一个有论据的拒绝。”他想象自己从心里拔出了箭，放在身边，就像苦行者把真实的箭从腹中取出那样。“所以，这种程度的拒绝其实是可以忍受的。”

一阵沉默之后，他重复了自己的要求。

“能否劳烦您为我打开这扇门呢？”

“如果你继续问我我已经拒绝过的事情，我会好好给你上一课，让你铭记一生！”

“又射中了！”奥姆这样想着，但他已经准备好了，这是一个威胁。这比刚刚的更加难以承受一些。

他继续重复着刚刚的想象，将箭拔出来，压抑着自己想要反过来威胁对方的欲望。尽管他心里真的很想说：“有本事你来试试，你会吃到苦头的！”

于是他问了第三遍。

“能否麻烦您为我打开这扇门呢？谢谢。”

守卫爆发了：

“你是不是傻，我跟你说了，我有别的事要做！真是没想到你是这种又固执又狡诈的人！”

这个回答奥姆也预料到了，他立即意识到这是一次人身攻击。他得以在箭射中他之前将它抓住。“愚蠢、固执、狡诈，一次三个人身攻击，我却并没受到伤害，也没反驳。做得好！”

他可以明显感觉到自己的毫无反应使得守卫很困惑。守卫本以为对方也会表现出敌意，但什么也没有。奥姆依旧很安静，一点儿都不具有攻击性，对他的攻击毫无反应。

突然，他看到守卫从头到脚消失了，像蜡制品在火焰旁边熔化，几秒之后地上只剩下一摊水。奥姆前进几步，自己打开了三个门闩。

他用力推动沉重的门扉，小心不让那些尖刺扎到自己。

门那边，他看到一个小孩子仿佛在等待他。那孩子大概有五六岁。那孩子打扮得像个小渔夫，下身是一条水手蓝的裤子，挽到脚踝，还穿一件红白相间的条纹上衣，一头卷卷的黑发，脸上带着灿烂的笑容。他站在一棵开了花的李子树树荫里，在他身后，奥姆可以看到一个石制的栏杆。

“拿好，先生！”他用清脆的声音说，并把一张卷起的纸递给奥姆，“这是给您的。”

一封信

一个纸筒用一根粗糙的细线捆着，上边胡乱地打了一个结。奥姆将它拆开，展开了信纸；是智者的来信！

他大声读了起来。

亲爱的奥姆：

当你读到这封信的时候，说明你已经成功通过了第一世界的第三个考验，并且已经掌握了三种控制情绪的方法。向你表示祝贺。

在必要的情况下，你总要使用到这种能力，也就是说会经常用到。你也看到了理论与现实之间的差距。这种能力你运用得越多，就会越发得心应手。

可是有时候，尽管你很努力、又很勤奋，还是会被愤怒情绪所左右。这种时候，你可以使用第四种方法，也是最后的一种方法。这种方法不需要从你的愤怒情绪入手，只需要尽快离开冲突现场。闭嘴，然后离开。为了防止你的离开被解读成“拒绝对话”，你可以说类似下面几句话：“我现在心情很复杂，我觉得自己说出的话没法表达自己的真实想法。

我需要去冷静一下，待会儿我们再重新讨论。好吗？”

然后离开现场，走远一点。距离和时间可以让愤怒平息。

如果情况允许，我劝你在离开的这段时间好好善待自己。认真对待这种愤怒，把它当成一个孩童一样善待它、用心照料它，心平气和地问问它："你这样痛苦的原因是什么？刚刚你周围究竟发生了什么？”

一旦你找到了引发你愤怒的根源，然后用安慰自己来取代那种令你痛苦的情绪。你会发现，你的愤怒与他人没有关系，只是因为你联想到了自己过往的经历。别人只是让沉睡在你心中的痛苦经历苏醒了过来。

如你所见，这种方法适用于你，也适用于他人：他人的愤怒与你无关，你的愤怒也与他人无关。等待时机成熟，你的心情平复下来，就回到对方身旁，重新开始和对方交流。至于需要多长时间，等到你内心重新冷静下来即可。

如果当时的情况不允许你有充足的时间思考那么多，那么两者之间保持一段距离也能够让愤怒情绪平复下来。

好了，你现在可以继续上路了。送给你这封信的使者会为你指路。

你还等什么？快走吧！你不能再浪费时间了。

祝你好运！

附：但愿你会航海！

“来吧，先生！”送信的孩子把手伸向他。

这状况让人出乎意料，但是那个孩子十分迷人，奥姆没法拒绝，于是把手伸向了他。孩子将他的手紧紧抓住，转而拉着他走上了一条陡峭的山路，向两座山峰的山坳处走去。

到达高处之后，小男孩停下脚步，好让奥姆欣赏眼前的景色。那是一片大海！一片一望无垠的深蓝色大海。

“你叫什么？”奥姆问道。

孩子将手指向了海边的村庄，村里有五颜六色的房子。

“来吧，先生！”他说道。说着，他拉着奥姆向村里走去。他抓着奥姆的手，生怕丢了似的。奥姆感觉到了他手上的力道，温柔地看着身旁走着的孩子。

不久之后，他们就走到了第一排房子跟前。但是小男孩并没有停下，继续朝着大海的方向走去。他全神贯注地走着，好像要将奥姆引到某个确定的目的地。

“你叫什么？”奥姆又试着问了一遍。

“到了！”孩子回答道。他手指指向一座漂浮的码头，码头上停泊着一艘小渔船。“船上有水和食物，足够支持两天的口粮。你需要在明天天刚亮时出发，朝着朝阳的方向划去。”

奥姆登上渔船，检查了一下装备。他看到船上有一张船帆、一副船桨、一张床垫和孩子说的食物，有水果、蔬菜和面包。奥姆一边检查，一边问道：“我这是要去哪儿？”

没有人回答，奥姆抬起了头，发现小男孩已经离开了。

他看到孩子已经走到了五十多米开外，在街角拐了弯。

“等等！”奥姆冲他喊道，“回来！你叫什么名字？”

孩子没有回答。他已经没了踪影。一股悲伤涌上心头，奥姆走到渔船里头，在床垫上躺下，呼呼大睡起来。

第二天，奥姆被黎明的阳光照醒了。海面上吹着清凉的海风。他吃了一些水果和一块面包，感觉精神饱满，迫不及待地想要开始航行出海了。于是，他升起了白色船帆，船帆立刻欢快地舒展开来。

奥姆的渔船向着朝阳的方向驶去。

四

第二关

学会如何管理他人的情绪

奥姆发现自己很擅长激怒别人

奥姆就这样漫无目的地航行，任由他的船行进。一路上，他遇到了许多美丽的小岛，他本想停留，但由于心系自己的人民，便没有这样做。

“如果我有两天的口粮，那这旅程大概就该持续两天，马上我就会知道目的地是哪儿了。”他想。

两天之后，等他吃完自己最后一口面包时，一座巨大的岛屿在前方浮现出了轮廓。“这可能就是我的目的地。”他开心地想。

他已经受够了这种漫无目的的航行、阳光的暴晒和孤独。

驶近小岛之后，他灵活地操纵船只在礁石之间移动。他进入了一个小小的港口，将船开进了唯一的一个码头。天气酷热，码头杳无人烟。

“或许是因为太热。总而言之，我能静静靠岸了！”

这对他来说非常简单，他决定把自己的小船系在码头的一个圆环上。

然而他刚一上岸，就有一个小个子的人不知道从哪儿冒了出来，喊道：“不行，您不能把您的船放在这儿！”这人同时用两只手比出了禁止的姿势。

“但这不是我的船，而且我不打算在这儿待很久。”

“我不管这些！”小个子的男子回答说，他胸膛鼓起，面红耳赤。

奥姆观察着他，他戴了一顶水手帽，穿着带洞的上衣和一条脚腕处已经褪色的蓝色帆布裤子。

“这可能是我的同乡！”奥姆想，一切都会解决的。“您从蓝王国来吗？”他问道。

“您在瞎说些什么，蓝王国，您在拿我开玩笑吗？”

“绝对没有！”奥姆回答说。

“听好了，你这个鲁莽的家伙，我是港口的守卫，我命令你立刻回到你的船上，要不然我就会逮捕你！”

“嗯，人身攻击和威胁，直接就出现了，甚至没有理由，原来这样也行！”

奥姆注意调整自己的呼吸，尽量平静地回答：

“冷静，先生。”

那人变得更加面红耳赤了，并且开始手舞足蹈地做些动作：“你是聋了吗？我告诉你，别停在这儿！”

奥姆成功保持着冷静。

“您冷静下来，先生。”他回答说。

“让我冷静？！”对方反而发怒了，拿起一根大大的棒子。

“没错，您冷静点，我们没必要为了这种小事生这么大的气。”

小个子男子面色赤红，他举起大棒，砸向奥姆的小船，一下砸沉了它。

“您看，”奥姆冷静地回答，“问题解决了，没必要生这么大的气。”

“我没生气，我只是让你遵守法律。”

他举着大棒向奥姆走来。奥姆吓得闪身躲进了港口旁的灌木丛中。他气喘吁吁地藏在树丛里，想：“这下完了，我应该是惹到他了。”

他坐在地上，琢磨：“很明显，保持冷静这一步没什么问题。但光自己冷静不行，我还得学会安抚别人。这应该就是我要学的第二项技能了吧。这确实挺有用的。但如果对方被情绪控制变得油盐不进，怎么才能让他们听我说话呢？刚刚那个气得面红耳赤的人，我说的话他根本一句也听不进去……我刚刚看起来太傻了：我每说一句话，都搞得他更生气了。”他想着，脑海里仿佛看到了每次他试图缓和气氛时，那男子越发暴怒的样子。

他犹豫了很久到底要不要擦亮第四根火柴……最终，他小心翼翼地打开火柴盒，拿出一根火柴在盒子上擦亮。火焰一下燃了起来。

“点亮了，太好了！”他想。

然而几分钟过去了，智者却迟迟没有出现。“希望他没出什么事儿，”奥姆想，“要不然我可就麻烦大了！”

他继续等着。可什么也没发生：连只小蜜蜂的嗡嗡声都没有。突然，奥姆听到身后的树叶沙沙作响。他一转身便看到一只不大不小的漂亮黑狗正用活泼而友善的眼睛看着他。

奥姆交了一个朋友

“是您吗？”奥姆问它，“您吓到我了！”

但是那只狗继续用一双灵动又友善的眼睛望着他。

“好了！”奥姆说，“您快变回来吧！我需要您教给我安抚他人情绪的方法。这关乎我国百姓的生死存亡！”

那只狗依旧用一双灵动又友善的眼睛望着他。

“好吧，”奥姆心想，“这也许就是一只流浪狗而已，和我一样迷茫，正在四处乞怜……”奥姆摸了摸它的头，流浪狗开心地摇了摇尾巴。

突然，小狗转过头去，朝着一帮向灌木丛走过来的小孩儿大叫起来。

“嘘！”奥姆说，“闭嘴！你这样会让别人发现我们的！”

它扭过头来看着奥姆，眼里满是惊慌和不解，反而叫得更大声了。

“快闭嘴！”奥姆呵斥道，“你可真会给人找麻烦！”

小狗又看了他一眼，眼里依旧满是惊慌，所以叫得声音更大了。

“你是不是傻？我让你闭嘴！”他举起手来装作要下手打

它的模样。

小狗的眼神越发惊恐不安，开始疯狂大叫起来。或许是因为害怕，孩子们最后都走开了。奥姆看着小狗，说："你呀你，真是蠢得过头了！我越让你闭嘴，你叫得越欢！"

说到这儿，他停了下来，开始思索起来："这让我想起了最近经历的一件事。是什么事情来着？"

他回顾了一些最近几天的经历，突然想到："对了！就是港口的守卫。我越是让他冷静，他的火气就越大！我得换个对策了，但是有什么办法呢？"他心想。

这时，他听到了一阵马蹄声。一匹马出现在了路的拐角，马背上正是智者。他来到灌木丛前，下了马，走了过来。

"非常抱歉，"他说，"我之前有些要紧事要处理。"

说完，他露出了狡黠的笑容。奥姆知道他一定是故意来这么晚的。

两个误区

“你的问题是什么？”智者问道。

奥姆向他讲述了船的事情，向他讲述了每次自己试图安抚那名守卫的时候，对方是如何变得更加生气的。

“所以，你需要学习缓和其他人情绪的方法，是吗？我当然很乐意教你，但是这需要你用全副精力去学习。”

就在此时，小狗开始狂吠。两个人从大约二十米远的地方经过。在奥姆做出反应之前，智者用一种赞许的语气安抚小狗：“真乖，你真棒！警示我们那边有人经过，这很好，谢谢你！”

小狗闻言立马安静了下来，摇着尾巴靠近了智者。智者喜爱地摸着它的脑袋，重复道：“真乖，真是一条看门乖小狗！”小狗变得安静平和了起来。

“请问您是怎么做到的？这其中有什么技巧吗？您会传授我吗？”

“会的，这正是我打算教你的东西。”智者说。

“是用了什么魔法吗？难道是什么催眠术？我想获得这种能力！”奥姆激动地感叹道。

“如果你是我，你会怎么做呢？你会说什么呢？”

“闭嘴！”

“那你这样说会有效果吗？”

“没用的，事实上在您到达之前，我就是这样说的，结果反而令它叫得更响了。”

“你也见识了。那么，你一直不停地在对那些生气的人说什么呢？”

“冷静下来！”奥姆立刻回答。

“那你的话到底是缓解了他的愤怒，还是激怒了他呢？”

“让他们更生气了。”奥姆回忆起码头边的守卫，说道。

“面对那些感到害怕、悲伤和失落的人，我们通常说些什么呢？”智者继续问道。

“嗯，我们常说，别担心，别害怕，别伤心，或者这不要紧。”

“没错，那么这些话有作用吗？”

奥姆回答：“没有，恰恰相反。”

“答对了，”智者赞许，“为了缓和别人的情绪，我们总是反对他们，而这只会让这些情绪更加严重，因为情绪是一种能量，我们越是压制，能量就越活跃。”

“就像我们在河上建水坝？”奥姆问道。

“正是如此，如果我们阻止水的流淌，水泵的压力就会大大增长。”

“我开始有点理解了，”奥姆说，“那我们应该怎么办呢？”

“首先要注意到自己反对他们的这种倾向性。用‘冷静’‘别害怕，别伤心’来安抚他们……几乎是人们下意识的反应。”

“原来如此，但您的秘诀是什么呢？”

“我们还有另外一种自然而然的条件反射，很不幸的，”智者没有被打断，只是继续说道，“你还记得你对码头的守卫说了什么吗？”

“我记得我说，冷静下来，我们没必要为了这点小事生这么大的气。”

“也就是说，你反对他，而后你还批评了他的情感，你告诉他，他本不应该感受到他所感受的。”

“没错，我确实是这样认为的。”

“那么结果如何呢？”智者问道。

“他气疯了，拿了一根大棒砸碎了我的船。”

“唱反调和做评判是永远不会有效的，”智者评价道，“反之，还会加剧冲突。然而这却是每一个试图安抚别人的人下意识去做的事。”

奥姆花了一点时间去思索智者向他讲解的事情，但好像总是不得要领……

如何“以不动应万变”

“那该怎么做呢？”奥姆又问道。

“什么也不做！”智者说。

“什么也不做？”奥姆将信将疑地反问道。

“没错，”智者又肯定了一遍，“什么也不做。更准确地讲，不要按照你往常的习惯去行事。换句话说，就是不要‘唱反调’，不要‘做评判’，不管你内心的这种欲望有多么强烈。”

“不唱反调，不做评判？就这些吗？但是，这不等于没有行动吗？”

“你说对了，就是‘以不动应万变’，这是一种‘无为’的智慧。”

“这不可能！这方法不会管用的！”

“会管用的，因为你什么也不做，就相当于传递出这样一种信息——我不反对您，也不对您做出评判。这相当于一种‘和平宣言’，或者相当于告诉对方‘不与其开战’。”

“宣告对方‘不与其开战’，这毫无意义啊！”奥姆发起火来，“您怎么能教我什么也不做，来平复别人的情绪呢？请您教教我到底该怎么说、怎么做，同时又不反对别人、评判别人吧！”

“好的，”智者说，“既然你想做点儿什么，那就说一个词吧，一个能够让人抚慰别人情绪的词。”

“一个词？”奥姆突然兴奋起来，“有这种能让人心情平复的词语？快告诉我吧！是不是像‘般若波罗蜜’一样的咒语？”

“差不多吧。但是在我教你之前，你要回答这样一个问题：用来表示反对的最简单的词，是什么？”

“不？”奥姆试探道。

“没错。”智者说，“那‘不’的反义词呢？”

“对。”奥姆说，同时流露出一丝不快。

“没错。你要说的就是‘对’，或者见机行事，将其替换成‘同意’‘好的’‘很好’‘我懂’。重要的是，要向对方表明你不会攻击他，也不会评判他。”

“这真的管用吗？”奥姆半信半疑。

“会的。”智者肯定地说，“但是有两个条件。第一，你不能把这句‘对’当作一种妥协或者投降，你口中的‘对’应当是一种‘欣然接受’的态度。‘对，我知道您不同意我的看法’，‘对，您之所以生气，自有您的道理’，‘对，我准备好了跟您聊一聊，看看我怎样才能满足您的需求’。”

“千言万语，就汇成一个词？”

“是的。‘对’这个词之所以有这样的效果，并不在于这个词义本身，而在于其背后隐含的态度。你的态度越是开放，你越是容易平复对手的情绪。”

“态度，是指接受‘他不赞同我’的事实，并且接受他的愤怒吗？”

“是的，可以这样理解。或者更确切地说，是‘欣然接受’。但是要知道，这就意味着我们刚刚说的‘无为’不是真的什么也不做，而是采取了一种特别的应对之策。所以我才会说‘不唱反调，不做评判’。但不管你说的词是什么，态度才是最重要的。”

“明白了，但是如果我没法采取这种态度呢？”

“那也要说‘对’。虽然刚开始这种感觉有点儿奇怪，但是说得多了，你的真实态度也就随之转变了，这种对策的效果也就越好。这是一个良性循环。如果你感觉不爽，就说‘对’，权当是自己在对一个朋友说‘欢迎’。你脑子里想着‘欢迎’，但嘴上说的却是‘对’。你慢慢会明白我说的一切。”

奥姆沉思良久之后，说道：“那么第二个条件呢？”

“是‘真诚’。我师父的师父的师父曾经说过‘真诚乃制胜法宝’，这句‘对’说得越诚恳，它的威力就越大。”

“抱歉，我还是要问那个问题，”奥姆说，“如果我做不到那样真诚呢？”

“你尽力就好。尽可能地做到诚恳。只要功夫深，铁杵磨成针。成功几次之后你就会发现，自信和真诚慢慢地就来找你了。”

“那赶快让我练练手吧，”奥姆兴奋地请求说，“我认为我已经领会了！”

“放屁！”智者猛然打断他的话，“没门儿！”

“您消消气！”奥姆惊讶地说道，“我没想惹您生气，您干吗吹胡子瞪眼的？”

智者放声大笑。

“你看出来了，”智者说，“这是我的老把戏！”

说完，他笑得更开心了。奥姆知道自己又被戏弄了。一肚子不快的他决定也给他这师父下个圈套。由于他本身就不开心，所以不难装出生气的样子。

“既然您如此戏弄我，”奥姆说，“那我干脆不继续这趟荒唐可笑的学艺之旅了。我堂堂一国之主，从没有人敢这样对待我！”

智者就只是笑笑，不说话。

“您不信？”奥姆有些尴尬，“真的结束了。我受够了！”

智者继续一脸微笑地看着他。奥姆本想让他反驳自己，或者激怒他，好让自己有机会‘以牙还牙’。但他此刻尴尬无比，只想找个地缝钻进去。

奥姆打算再试最后一次，于是说道：“现在您放我走吧！”

但对方只是继续慈祥地看着他，温柔地对他说：“我能理解。”

奥姆一下慌了神。沉默一阵之后，智者补充说："这次学艺很艰难，我给你设置了不少难关。你需要休息休息，并重新考虑一番。你身心俱疲，这很正常。"

"真的管用……"奥姆松了一口气，他的怒气全都烟消云散了。他感觉对方在倾听他，理解他，尊重他。

"真的，这招真管用！我当初还不信，果然动口比动手容易！"

"保持住这份勇气。你很有前途，你会在这次学艺过程中学到有用的东西。你才完成了三分之一的'课程'，却已经学会了最难的东西——'不要让自己动怒'和'不唱反调，不做评判'。你在今后的学艺道路上会有机会用到平复他人情绪这一招的。"

奇特的能力

“现在你应该离开这里继续你的旅行了。”智者说道。

“我该去哪儿？”奥姆有些焦虑，“而且我要怎么离开这座岛呢？我的船被那个愤怒的疯子弄坏了！”

“跟我来！”智者站起来，向港口的方向走去。

奥姆不是很放心。他真的不想再次和拿棒子追赶他的人面对面。但最终还是顺从地跟着智者去了。

到达港口之后，他发现自己的担忧并不多余：那男子就在那儿，一副正在等他的样子。他从小凳子上站了起来，指手画脚地走向他们。奥姆停了下来，而智者还在继续朝男子的方向前进。当他们面对面站立的时候，奥姆看到那守卫不停地挥动着双手，生气地和智者对话，时不时用手指指着奥姆。奥姆明白，早上发生的事儿这个人一点儿也没忘。自己最好还是尽快逃走。

但他怎么能让自己的朋友独自一人面对这个危险的家伙呢？他等待着，却发现男子不再比画来比画去了，而他的嗓门儿也大大降低。奥姆看到他抬起眉毛笑了起来。接下来，男子和智者相视而笑。两个人肩膀搭着肩膀，朝着港口码头的方向走去，仿佛一对老朋友。

奥姆完全惊呆了。这种态度的大逆转是怎么回事儿？智者对他施了什么魔法？奥姆失落地发现他还有很多要学的。他悲伤而惆怅地站在原地。

一会儿之后，他看到智者回来了。一个大大的微笑点亮了他的面孔。

“出发！”他对奥姆说，“我找到了一艘船，一艘好船。”

他带着奥姆走到港口的尽头，那里停靠着几艘船，他爬上其中一艘，那是一艘漂亮的、色彩缤纷的船。

“好了，”他对奥姆说，“接下来三天，这艘船都属于你，你现在立刻出发，向西航行，如果风向好，后天就会到达你接受第三次启示的地方。无论遇到暴风还是骤雨，一定要记得向正确的方向航行。这样你就会到达目的地：那里是一个有着蓝白相间小房子的渔港，名叫汶缇港。那地方很好认：渔港在一个巨型岩峰下，岩峰的形状像一只狗的脑袋。你要记得一路小心，航道很狭窄，而且遍布暗礁。到达之后你去寻找码头的守卫，这艘船是他的。他会感谢你把船带给他的，但是一路上你得好好保护这艘船。他把这艘船视作掌上明珠，如果你把它搞坏了，他可不会饶过你。”

奥姆非常震惊：“但您怎么会认得这个人呢？”

“我不认识他。”

“但如果您不认识他，您怎么知道这艘船是他的，而且他正等着有人把船给他带过去呢？这到底是怎么回事？”

“嗯，这是我的秘密：在恰巧的时机获得必要的消息。你看，奥姆，这艘船的主人，这位达扎尔布腾先生，是刚刚和我说话的那位尊敬先生的兄弟。他跟我讲了点儿他的人生经历。这艘船最开始是他父亲的，老人家已经过世快一年了。在遗嘱中，他把房子留给了大儿子，船留给了小儿子。由于这份遗嘱对大儿子比较有利，一年之后呢，大儿子得负责把船运送到小儿子那里。要不然这份遗嘱就会反过来：房子会属于弟弟，而船属于哥哥。但这位尊敬的先生是港口的守卫，他不能离开自己的岗位。正因如此，才需要你帮他这个忙。”

“这故事听起来有点奇怪。那您到底做了什么让他这么信任您呢？要知道，比起和我们分享人生经历，他最开始的时候看起来更想把我们两个都扔到海里。”

“哈！”智者神秘地笑了起来，“你很快就会知道的，这就是你接下来要学的。好了，快别浪费时间了，赶紧上路吧。牢记两件事：你得在三天之内到达，保持向西航行。啊，对了，我差点忘了，这些东西可能帮得上你！”

他从放在桥上的一只布包里取出了一个巨大的螺旋状贝壳。

“这是什么东西？”奥姆问道。

智者没有回答。他上前一步走近奥姆，把贝壳的开口贴在了他的耳朵上。

“你听！”他说。

最开始除了海浪的声音，奥姆什么也没听见。仿佛这就是一个再普通不过的贝壳。

“把它转到港口的方向。”智者指示道。

奥姆照做了。令他惊讶的是，贝壳里传来了说话声。奥姆转动贝壳的方向，全神贯注地去听，竟然听到了几百米之外人们讲话的声音。他听到，小商贩和卖油的客人讨价还价，听到远处夫妻吵架的声音，听到岸边靠在长椅上的两个老人低声交谈的内容……

“太不可思议啦！”奥姆感叹道，“这对话声仿佛发生在几步远的地方，听得清清楚楚！”

“没错！”智者说，“这里的水手，经常用它来联络彼此。它能用来求救，大雾天的时候还能防止事故发生。”

“好了，你赶紧出发上路吧，我希望这次你不要再召唤我了。火柴可就快没了。省着点儿用……”

他话音未落就已经转身大步离开了。

“多么古怪又奇妙的人！多么神奇的海螺！”奥姆凝视着手中的海螺，像做梦一般。他想起了自己的国家，又想到是否能用这海螺去窃听河对面红王国人们的对话。这样就可以轻轻松松了解敌人的意图……

他迅速准备好了小船，解开缆绳。船帆在风中快乐地鼓起。风力不强不弱，适宜出海。奥姆开心地深呼吸。他是优秀的水手，很喜欢航行。

他一出港，就朝着夕阳的方向航行。

五

第三关

如何在“分歧”中寻找“共识”

奥姆扬帆起航

船驶离海岸已经很远了。这时，奥姆听到船舱里传出了“呜呜呜”的叫声。他打开门，看到港口的流浪狗也在船上。

“你怎么在这儿？”奥姆哭笑不得。

“汪汪！”小狗回应道。

“你这个机灵鬼。”奥姆说，“没办法，我们没时间掉头返回去了。你得陪我一起跨过这片海洋了。你来得正好，我也不愿意这么长时间都一个人待着。”

“汪汪！”小狗张口答应道。

天气预报没有骗人，船正全速前进。奥姆一边调整船帆的方向，保证船不偏离航线，一边回想着刚刚经历过的事情。

“那位智者是要了什么花招才借到这艘船的呢？当然，首先是有了守卫讲的遗产的故事做前提，而且恰巧他的兄弟正等着用这艘船。但是，老头儿究竟用了什么方法，让守卫将自己的故事告诉他的呢？他是如何在这么短的时间内就取得了一个生性多疑的人的信任呢？他是如何从别人的嘴里套出自己需要的信息的呢？”这个谜团奥姆伤透了脑筋也没想通。

三天过去了。奥姆非常开心有小狗一路陪伴着他。动物是很好的伴侣，它使自己想起了智者教给他的用来平息他人愤怒的第二种方法。

“真是稀奇，”他心想，“目前我学到了两种用来安抚情绪的方法，首先是平息自己的愤怒，其次是他人的愤怒。在这两种情况中，我要学的偏偏不是要‘做’哪些事，而是要‘不做’哪些事。”

“不要让自己动怒，不唱反调、不做评判。”他大声念着这句话，反复咂摸着其中的意味。

突然，他发现船周围汇聚起了一团浓雾。

很快，奥姆的视线就被遮挡住了，真让人感到非常不安。他现在也就刚刚能分辨出船首的位置。

他想起了智者的话：“保持船向西方航行。”奥姆依旧感到不放心，因为在这次航行过程中，他有好几次都经过了大轮船的航线。于是，他决定将船首的前照灯点亮，好让自己的视线清晰一些，避免与其他船只相撞。

时间一分一秒地过去了。小狗时不时害怕地“呜呜”叫着。突然，奥姆在自己的正前方看到一艘轮船的前照灯正向自己这里靠近，两船之间的距离还难以测定。

奥姆遭遇劲敌

奥姆犹豫了片刻，想找出应对之策。最后，他决定不改变自己的航线。他自言自语道："如果这艘船真的撞上了我，就算我真的沉到了海底，那也算是前进了！"他想起了船上的小螺号，乞求说："但愿对方船上也有喇叭，而且能够听到我说话！"

他指着面前这个庞然大物说道："喂，大船！我在朝您的方向航行，如果您不改变航向，我们就要相撞了！拜托您让个路吧。"

没等多久，就有人回应道："喂，小船！"

奥姆兴奋得心跳加速，但是好景不长，他听到对面的声音喊道："不行。该转向的是您。否则我们会相撞的。"

"他怎么还不明白！"奥姆很不解，然后重复道："我不想改变航向！"

接着他又说："我就在您对面，正在向您靠近。我不想改变方向，因为这样可能会让我迷失方向。请您遵守航海条例，向北偏移一些。"

"不可能，"对方回答，"该掉头的是您。为了您好，我强烈建议您向南偏移一些。”

“我不能改变航向！”奥姆镇静地重复道。“我肩负着蓝王国的使命。我是蓝国王，所以我比其他船只都有航行的特权。我命令您改变方向。”

“不行。”对方的小螺号里传出了泰然自若的声音，“这和特权没有关系。另外，这里不是蓝王国。这里一切由我指挥。我命令您改变航向。”

“我提醒您，我这是一艘军舰，舰上有五十个人，全副武装。我强烈建议您改变航向。

“快掉头，不然您会遇上大麻烦！”

奥姆不知道该怎么办才好，但他始终保持冷静，对方也是。这次的难题不在于控制住情绪，而是该采取什么措施。对方的前照灯越来越近了，小狗开始不安地叫起来。

“别再乱搅和了！”他对小狗说，“事情已经够复杂了！”

此刻，奥姆听到小狗对他说：“问问他为什么不同意。”

“没用的，”奥姆说，他居然没有意识到是小狗在和他讲话，“根据王国委员会公约，只有该国国王能够凌驾于我之上。我可不相信此时此刻国王会出现在这个地方。他肯定不是国王，所以这艘船应该给我让路！”

于是，他又举起小螺号喊道：“立即更改航向！”

奥姆听到小狗又说了一遍：“问问他为什么不同意。”

这时奥姆才意识到小狗开口说话了。他以为自己出现了幻觉，转过身来说道："你在说话？"

"汪汪！"小狗回答道。

奥姆完全慌了神，或许真的该把那一招派上用场了，于是奥姆决定听从小狗荒唐的建议。他鬼使神差地举起小螺号，底气略显不足地说道："您为什么不愿意改变航向？"

"因为我是灯塔的守卫，我站在灯塔上跟您讲话。如果您继续朝这里行进，会撞到暗礁的！"

奥姆瞬间明白是自己误会了，几十米外耸立着的其实是几块巨石。于是，他将船舵猛地一转，完美躲过了礁石。

他举起小螺号喊道："我想我可能迷路了，我需要您的帮助。其实我是个光杆司令，手无寸铁。能否请您告诉我，如何才能抵达'汶缇港'的港口？"

"这是我的职责所在。"灯塔的守卫回答说，"您其实已经到达目的地了。只要继续向南行驶五英里，然后向西转，再走两英里就到达港口了。"

"多谢！"奥姆回答，自觉有些尴尬和惭愧。

片刻之后，他到达了港口，松了一口气。

"我们全身而退！"他大声说道。

"汪汪！"小狗应了两声。

大禹的秘密

奥姆没有休息多久，就看到一个神色坚定的男人从码头的另一头神采奕奕地向他走来。那人身材短小精悍，脸颊殷红，大肚子把蓝白条的水手服撑得鼓鼓的。奥姆认出了他，那人正是三天前港口上的守卫。“见鬼了，他怎么会在这儿？”奥姆目瞪口呆，十分纳闷。

“您好！”那人开心地对他说。

“您好。”奥姆不屑地回答道。

“您是不是跟港口的灯塔吵过架？您还叫他改变航向？哈哈，真是太好笑了！全城的人都在讨论这件事呢！哈哈哈哈！‘改变航向，我手上有武器！’哈哈，这个玩笑太好笑了！”

“我觉得您搞错了吧，那不是我的船。”奥姆生气地辩解道，“当时有雾，我不知道那是港口的灯塔！”

那人大笑起来：“当然啦，您怎么会知道！”

“有这么好笑吗？”奥姆感到很不快，“您在这里干什么？我觉得不论出于什么原因，您都不应该擅离职守！”

“擅离职守？您又在说笑了！”那人嬉笑道。

“够了！”奥姆叫道，“不许再取笑我了！”

“您说得对，”那人突然正色道，“这样的确不太厚道，而且也不应该，因为我还欠您一样东西呢！”

“欠我一样东西？”

“我待会儿跟您解释，”那人说道，“先跟我来，我们先去喝一杯，为您接风洗尘，咱们大醉一场。对了，我的名字叫‘达扎尔布腾’（打这儿不疼），您可以直接叫我‘达扎尔’。”

“我是蓝国王陛下，”奥姆说，“您也可以叫我奥姆。”

达扎尔领着奥姆穿过了几条迷宫一样的街巷，墙面粉刷成了白色，反射着阳光。最后，他们来到了一个渔夫的家里，房子高高地耸立在港口上。

“这就是我家！”那人告诉他说，“请坐！”他指着一把稻草编成的椅子说道。他在桌上放了两个玻璃杯，掏出一瓶白酒放到了奥姆面前。

“首先，”他说，“我不是您说的那个人，我是他的兄弟。一年了，我一直在等我父亲的遗产：过去，我们两个每天早上都会划着这艘漂亮的小渔船去捕鱼。我唯一担心的，就是我那个没用的哥哥不知道怎么把它给我送过来。我把这艘船当作自己的性命一样珍惜。”他的脸色突然凝重起来，“我曾想象着，您可能稍不留神就会把它开到暗礁上撞坏！如果真是如此，我一定让您‘血债血偿’，我说到做到！”

奥姆喝了一口白酒，给自己压压惊。

“那是肯定的，毕竟你们‘血浓于水’。”他说。

“哈哈哈哈！”达扎尔回答说，“对对，血浓于水！我们都有一腔‘热血’！但我们可不是‘吸血鬼’，有人需要帮助的时候，我们会‘放血’相助。说了半天我家里的事，该说说您的了。您是来做什么的？”

奥姆将故事的前因后果讲给他听。红蓝两国的战争、他的父王、智者、学习处理争端和冲突的学艺之旅等等，他还讲了自己已经闯过的两关，有山上的和尚、苦行者、会变高的墙壁、撞碎的渔船、追捕逃生的过程，还有自己如何遇上这只小狗的经过。

那人的兴致越来越高，聚精会神地听他讲述着。当奥姆停下来喘口气的时候，那人就重新将酒斟满，然后一口干掉。

当奥姆把智者的教导一五一十地讲述出来的时候，那人又点头附和道：“对对，是这样，千真万确！”好像他自己以前就曾仔细思考过这些问题一样。

等到奥姆讲完自己的故事，那男人对他说：“所以，您现在正在学艺的第三关。您现在需要学会第三样本领。我想我已经知道是什么了，我现在终于知道您的故事和灯塔有什么关系了。”他又笑了起来，“改变航向，改变航向，这太搞笑了！”

突然，他的神色又严肃起来。

“听着，”那人说，“我有件东西要给您，您帮了我的忙，而且您的故事太传奇了，我想助您一臂之力。”

说着，他艰难地站起身来，摇摇晃晃地朝着奥姆身后的衣柜走去。

“我要给您一样东西。”他说。

达扎尔从衣柜里拿出了一本覆满灰尘的书，他把上边的灰尘吹掉，露出了满意的神情。他将书放在桌子上，说：“喏，这是给您的。”

“一本书？”奥姆问，他对读书时光的记忆可不是很美好。

“不，这不是一本普通的书。”那人露出神秘的微笑，“这是一本故事书。”

“故事书？”

“是的，这本书讲述了大禹的故事，他是中国的一位皇帝，生活在几个世纪以前。他曾以一种不可思议的方式解决了众人无法解决的难题，因此彪炳千古。您会喜欢这个故事的，里边讲的是一条河为百姓带来的麻烦。”

奥姆一下来了兴致，他双手捧起这本书，端详了起来。

“好了，吃饱喝足！”那人催促他说，他的心情突然低落了下来，“太晚了，我要睡觉了。拿着这本书，好好研读和思考，等您有了新发现再来找我。其间您可以一直睡在我的船上。往西走就找到了！快读书去吧！”

说着，他毫不客气地将奥姆送出了门。“真是太粗鲁了！”奥姆心想，样子有些狼狈。尽管如此，他还是很高兴能够在船上待一段时间。他把书夹在胳膊下边，向港口走去。

到了港口，呜呜——这是他给那条狗取的名字——兴冲冲地出来迎接他。“有你这个朋友真是件幸事！”他自言自语道。

随后，他开始盘算未来几天的计划，将思绪引到了这本很可能包含了“下一课内容”的故事书，还想到了灯塔以及性情古怪的“矮冬瓜”……整个故事都让他觉得很不可思议。筋疲力尽的他一头倒在了枕头上，呼呼大睡起来。

第二天，他很不情愿地醒了过来。他一点都不想翻开这本跟大禹有关的故事书，思绪全部被自己的故事占据了。对他来说，他关心的是自己国家的河流和百姓，而不是一个死了几个世纪的中国人，管他是不是皇帝！

一想起正生活在水深火热之中的百姓，他就像想到了他的父亲、他的国家、他的使命。他重新鼓起勇气，坐在桥头，背靠桅杆，面朝大海。呜呜趴在他身边，刚刚升起的太阳将温暖和煦的阳光照在了他的脚趾上。

他翻开书，大声读了起来，故事的名字叫“大禹正传”：

几千年前，尧帝统治着中国。一次，他遇到了一个棘手的难题：黄河之水时常泛滥，淹没了农田、村庄，甚至黎民百姓。

尧帝将治水的任务交给了一位叫作鲧的大臣。鲧开始修建堤坝来阻截黄河之水，但是大坝最终还是坍塌了。于是，鲧下令将堤坝建得越来越高，越来越坚固，但是每次河水都会将其冲垮，导致成千上万人死去。看到这样的惨状，尧的继任者——舜，下令将鲧处死，并命令他的儿子禹取代他父亲的位置。禹临危受命。

他反思了一下父亲的治水方法，发现："修建堤坝并非良策——不管把堤坝修得多高多厚，河水都会把它们冲倒。所以，我们需要换一种方法。到目前为止，我们都做过什么呢？我们修筑过堤坝。但是如果修筑堤坝不能解决问题，或许我们可以反其道而行之？可是与修建堤坝相对应的是什么呢？"

禹一直没有想出答案。突然有一天，他灵光一现："是挖掘水道！应该疏通，而非堵截——开凿水渠以便在河水泛滥时，将水引向别处，而不应该修建堤坝将水流堵住！"

于是，他开始下令在全国挖掘水道，用水渠将农田分割开来。等到大水来袭，水流不再受到任何阻碍，直接沿着田间沟壑欢快地流淌，没有损坏任何村庄和作物……大禹看着水道之中的河水，心中又生一计："水车！我们可以修建水车来利用这些水资源！"说干就干。从此，河水不再祸害农田，反而造福一方。

舜帝对禹的功绩赞叹不已，因此将皇位传给了禹，而非自己的儿子。禹成了传说中的夏朝的开国之君。他也是为数不多的被称为"大帝"的皇帝之一。

奥姆放下书后，连声赞叹："大禹真是聪明，用挖掘沟渠来取代建筑高墙。我早该想到的！”

他几乎忘记了自己的烦心事。之后，他又想了想：“但是我看不出这和我的故事有什么关系。让我头疼的并不是河水，而是红国王：他拒绝让我们到河中取水。跟这故事没有关系。大禹治水的故事美是美，可是和我的问题无关啊。读这书纯属浪费时间。我要把他还给‘矮冬瓜’，然后继续我的旅行。”

他沿着昨天走过的路走了几分钟，来到了昨天的房子跟前。他敲了敲门。

“进！”里边有一个声音传出，“我正等您呢。”

“他在等我？”奥姆心想，“骗人！”他打开门，发现那个人正坐在桌前，面前放着一大碗咖啡。

“怎么？您读完大禹的故事了？您有学到些什么吗？”

“有，但也没有。”奥姆紧张地说，“有，是因为我读完了；没有，是因为我没发现对我有用的内容。这个故事跟我要解决的争端和冲突没有关系啊！”

“好吧，您坐下。”他没有征求奥姆的意见，就给他倒了一杯咖啡，“听我说，奥姆。”他接着说道，“您只管听，思考，然后回答我……我知道您肯定还记得您和灯塔有关的那段不幸遭遇。我昨天晚上就和您说了，这段经历里一定包含着对您非常有用的经验。一起来看看我说的对不对。您回忆一下：您在大雾中航行，您看见一排轮船的前灯向您靠近，然后您要求轮船改变航向。他是怎么回应您的？”

“他拒绝了！”回想起当时的一幕，奥姆怒从中来。

“您看，”达扎尔温柔地说，“我们不正处于一种争端之中吗？您叫某人去做某件事，结果他拒绝了。”

“没错。”奥姆承认道。他突然意识到这件事和他的使命之间的联系。他想起自己的父亲曾让红国王同意蓝王国的百姓取水，但是蓝国王拒绝了。

“很好！然后您做了什么？”

“我坚持让他转向。然后我跟他解释为什么他要给我让路。我的每一句解释都很有力，而且无可争辩。但是他什么都不想听。”

“总之，就像大禹的父亲一样，您垒起了堤坝。”达扎尔说。

“堤坝？”奥姆感到不解。

“是的，是‘解释’的堤坝，您用这些解释使得您与他人之间形成对立。您越是反对他，他拒绝得越坚定，不是吗？”

“是的。”奥姆承认。

“然后您做了什么？”

“我本想威胁他一下，让他害怕我，但没想到局面更糟糕了。然后，黔驴技穷的我只好问他‘为何不愿意改变航向’。”

“结果他回答说‘因为我是灯塔呀’，对吗？”

“对。”

“那么，”达扎尔接着说，“您问完他问题，他回答‘我是灯塔’之后，您是怎样做的？”

“这句话扭转了全局，我看清了形势，然后改变了航向。这倒救了我一命。”

“简而言之，您问的问题，就如同大禹挖的水渠。”

“您说什么？”

“您问别人一个问题，就是给别人一个讲话的机会，这就如同为河水提供了一个流淌的渠道一样。河水为大禹的水车提供了动能，而您的回答恰恰为您提供了新的信息，使您能够立刻看清在那种情况下应该如何做出正确的选择。”

“是这样。”奥姆若有所思地回答。

“所以您看，奥姆，当某人拒绝我们做某事的时候，我们的第一反应是向他解释为什么他要接受我们的提议。而一旦他没有选择让步，我们就会继续解释，或者提出更多的论据。我们想通过自己的解释强迫别人接受，而对方却和我们做着同样的事。这就如同两个聋人之间进行对话：‘不是的，因为……’，‘是的，因为……’，‘不是的，因为……’，‘是的，因为……’没完没了。但其实一个简单的词就可以扭转局面——为什么，一个十分简单但是威力无穷的词语。”这时，达扎尔突然站起身来，说，“跟我来。我给您看样东西。”

一个神奇的操作

达扎尔拉着奥姆走进狭窄的街巷中，朝着港口的方向走去。达扎尔走得很急，好像怕错过什么东西似的。几分钟后，他们来到了一个稍微宽阔一些的路口，路的尽头就是渔船所停泊的码头。两人沿着这条路往前走，达扎尔走得越来越快。

突然，奥姆看到在路的尽头出现了一个密集的方阵，大概有五十个人，正朝着他们缓慢走来。方阵里的人手持标语，大声呼号。奥姆站在原地，听不清他们在说什么，但看得出他们都十分气恼。

很快，奥姆和他的朋友与方阵之间的距离只剩下几米远。打头阵的男子人高马大，满面红光。他一抬手，方阵便立刻停下脚步，同时也安静下来。

“稍息！”大高个儿不苟言笑地喊道，“你不准过去！”

“可是，”奥姆立刻争辩道，“我们只是想去港口。”

“我不想听你解释！”大高个儿吼道，“这里禁止通行！你和其他人都一样。”

“但是你没有权力阻止别人通行！”奥姆感到十分气愤。

“你会吃不了兜着走的！你们说是不是，老爷们儿！”

“没错！”他身后的男人齐声喊道，“吃不了兜着走！”

奥姆感觉有人在扯他的衣袖。原来是达扎尔，他伏在奥姆耳边低声说道：“奥姆，你还记得灯塔吗？问问他，为什么不让你通过……”

“该死！”奥姆说，“我忘得一干二净！”

他颤颤巍巍地走到大高个儿跟前，偷偷地问道，“请问您能不能告诉我，为什么不准人通过吗？”

“好吧，老兄。”大高个儿扬起了眉头，说道：“看来你不是本地人啊！你不知道市长决定增加渔业税的事吗？捕上来三条鱼，一条我们自己留着，两条都要送给市长！我们孩子都养不起了！”他痛斥道，“我们要前往市政厅，以示民愤。这回市长肯定得听我们的，去他的！”

“没错！”他身后的男人们呼号道，“我们要获取关注！”

“我明白了。”奥姆支持他们的观点，“两条鱼送给他，一条鱼留给你们。太过分了！你们的愤怒是有道理的。”奥姆补充说，“你们的需求应当被关注！”

“没错！”那群人说道。

大高个儿好奇地看着奥姆，说：“你一个外地人，居然这么快就能理解我们！”

“可我只是想……”奥姆还没说完，又感觉有人在扯他的衣袖。

“够了，难啃的骨头你都啃完了！剩下的交给我吧……”

说着，达扎尔走近方阵，问道：“我可以帮你们吗？我能加入吗？”

大高个儿惊讶得目瞪口呆，只见奥姆转过身来开始朝着方阵前进的方向走去，嘴里喊着：“搜刮民脂民膏，把鱼还给我们！搜刮民脂民膏，把鱼还给我们！”

不由分说，那群人就开始嬉笑着念叨这句新口号，然后慢慢地向前方行进。

大高个儿似乎还觉得有什么事情不对劲，他再次抬手，但是这次没能阻止人们前进的步伐，人们的口号也没有停止。

“我们需要你们贡献一分力量，但是你们不能走在前边，我才是领头人！向西拐！”他补充说，“你们到队伍最后几排去吧！你们说对不对，兄弟们！”

他伸出大拇指，头也不回地向方阵的尾巴指了指。其他人附和道：“对，到最后几排去！”

然后，他们又开始边走边喊“搜刮民脂民膏，把鱼还给我们”。他们毫不客气地将奥姆和他的朋友往队伍的后边挤。这两个人虽然行进的方向和方阵一致，但是由于受到人们的推搡，步伐比大伙儿慢了一些。

没过多久，他们就来到了方阵的最后。他们停下了脚步，所有人都超过了他们。如今，他们得以自由地向港口走去。

“搞定！”达扎尔敞开双臂，脸上露出了灿烂的笑容。

“好家伙，”奥姆松了一口气，说，“我还没反应过来呢！”

“喂，喂，”达扎尔说，“我给你演示了一遍，这就是一句诚恳的‘为什么’所带来的效果！”

“可是，”奥姆还没回过神来，“你这种和他们齐声叫喊、共同进退的方法，我无论如何也想不到啊！”

“明白，”他回答，“可是如果没有你问的那句‘为什么’，我们怎么能知道他们的目的是让别人聆听自己的诉求呢。一旦知道了这一点，我们只需迎合他们，甚至是鼓励他们的做法。就和大禹选择‘疏导’河水，而非‘拦截’河水是一个道理。你也看到了，我们之所以很快就能来到自己想去的地方，也多亏了他们的帮助！”说着，他大笑起来，“最开始，他们告诉我们说‘不准任何人通过’，然后我们问他们‘为什么’，最后是他们把我们送到了我们想去的地方！这太搞笑了！”

“可是，”奥姆疑惑地问道，“在你和他们同向前进之前，你就已经知道下一步会发生什么了吗？”

“不知道！”达扎尔突然严肃起来，回答道，“等我一弄清楚他们想要的是什么，我就知道不能再和他们反着来，只需静观其变即可。但是既然我们不能和他们顶头走，那也不能待在原地不动，所以就只剩下一种选择了。结果如你所见，是不是让人出乎意料？我一点儿也没想到事态会这样发展，就像大禹也没有预料到将来会借助水车，将河水为其所用。”

“妙极了！”奥姆感叹道。

“你看懂了吗，这就是‘不对抗’的魔力，我也喜欢称之为‘以退为进’。”

“何为‘退’？”

“退，就是顺应阻挠我们、困扰我们、反对我们的意见。算了，说得太深奥了，这对你来说还为时过早……”

奥姆没有就此罢休

“我有一件事想不通，”奥姆说，“尽管我已经知道他们的目的是想获取关注，但是我永远也想不到你那种做法——和他们朝着一个方向走。这是与生俱来的天赋，不是所有人都能想到该那样做！”

“别的办法当然也行得通了，”达扎尔回答说，“你想不出另一个帮助他们‘获取关注’的方法吗？”

“小螺号？有了它，他们的声音就能被扩大十倍！”

“多么好的点子！那这东西在哪儿呢？”

“在船上！”奥姆眉飞色舞地回答道，“在这些人身后！要想拿到小螺号，他们就必须先放我过去！”

“生活有时就是这么奇妙，不是吗？很多争议最终都能自行解决。”

“但是万一我的船上没有小螺号呢？”奥姆追问道，因为他想得到一个一劳永逸的万全之策。“或者万一我的船停在了这伙人前进的那边，这招就不管用了！”

“当然啦！或者应该说，光靠这一招肯定是不够的。你不是告诉我说此次学艺之旅一共分为六个阶段吗？如果课程过半，你就能够解决所有争议了，那剩下的三个阶段还有必要吗？通过提问来理解别人的观点，是很重要的一步。正如你看到的那样，有时候它能够解决争议，但多数情况下，光有这一招不足以解决问题。你应当运用一套方法，将其融会贯通。”

“奥姆，你今天要好好记住这一点。我再重复一遍：当别人拒绝你的某项提议时，你首先需要对其背后的原因表现出兴趣，态度要尽可能诚恳。你可以问‘您为什么不同意呢？’，然后认真倾听他的回答。他的回答就像一座金矿一样，包含很多值得推敲和利用的信息。这就是秘诀。”

“一座金矿？”

“没错。当他向我们解释自己拒绝的原因时，他会一条一条地指出在哪些情况下他有可能做出让步。他为我们指明了入口，我们可以从这些入口进入，最终获得他的同意。然后，我们可以结合他所说的原因，提出一个解决办法。有了这些，他才会同我们达成协议，因为他从中看到自己有利可图。你看是不是这个道理？”

“是这个道理，只是太不符合常规了。这和我原本的打算完全相反！”

“这就是问题的症结所在。”达扎尔说道。他在石椅上坐下来，示意奥姆坐在他身旁。他继续说到：“更糟糕的是，有时候还没等我们张口问，对方就主动把他拒绝的理由告诉你了，但是我们往往不会听。我们只顾着找到对方论据中的漏洞，然后加以攻击。有价值的信息就在那里，而我们却视而不见。”

他突然停下来，嘬了一口烟斗，面前升起了一团白烟。

“我们总是乐于向别人解释为什么他们是错的，但其实我们最应该做的恰恰是表现出对别人观点有兴趣，这也符合我们自己的利益。奥姆，自私一些——真心实意地表现出对别人的兴趣。”

“这些话很深奥，但我听得懂。”奥姆回答，他联想起了父亲写给红国王的信件，里边的所有论据都在试图让红国王做出让步。

“你看，奥姆，”达扎尔接着说道，“道理很简单，但是运用很困难。你需要学会将‘不是的，因为……’换成‘是的，为什么？’，将武力对抗换成智力较量。一个诚恳的‘为什么’拥有无穷的力量！”

奥姆学着忘记所学的一切

达扎尔站起身来，奥姆也随他起身。

“最初，”达扎尔说，“你总喜欢说‘因为什么’，而很难开口问‘为什么’。但是如果你想让别人对你产生兴趣的时候，就需要首先表现出对他人的兴趣。一开始你可能会觉得很不自在，但多实践几次就好了。等你尝到甜头的时候，就能够将这种新的处事态度坚持下来了。所以刚开始的时候还是需要强迫自己一下。”

“强迫自己？”奥姆问道，一听到还要下些功夫，他有些不情愿。

“没错。我们总是不自觉地建起‘堤坝’，”达扎尔的声音突然有些疲惫，“你需要些时间把学到的东西‘忘掉’！很明显，这是你此行应当学到的第三件事。记住这句话：当别人拒绝你时，先问问他拒绝你的理由是什么。”

“这句话你翻来覆去和我说了不下二十遍了！”奥姆不耐烦地说。

“是吗？”达扎尔有些吃惊。

“是的，不错，”奥姆说，“我已经明白了。我不是一个什么都不懂的蠢货……”

“很好，很好。”达扎尔露出一丝微笑，“那么，你可以继续你的旅行了。谢谢你把我父亲的船给我送了过来。将你学到的东西付诸实践吧……祝你好运！”

他将奥姆搂入怀中，然后转身离开了，嘴里喊着：“搜刮民脂民膏，把鱼还给百姓，哈哈哈哈！”徒留奥姆只身一人，半是震惊半是疑惑地站在那里。

达扎尔渐行渐远，奥姆盯着他注视了一阵，然后朝着渔船走去。因为达扎尔之前和他说过，让他在这船上想待多久就待多久。

他朝着渔船走去，然后上了船。他愉快地叫着：“呜呜，我的宝贝，我回来啦！”但是没有回应。他在桥上找了一圈，也没发现呜呜的身影。他走进船舱里，还是没有找到。呜呜消失了。

六

第四关

学习如何达成首个“共识”

奥姆顺从天意

第二天早上，奥姆醒来时心情很愉悦，他离开自己的铺位，登上了桥。阳光灿烂，微风轻抚他的脸颊。他感觉自己身体强健，胃口好极了，然而接下来，他想起了小狗呜呜的消失，心中一紧。

突然，他听到身后传来奇怪的声音，转身看向港口。只见就在他前面，一匹黑白相间的大马正用蹄子敲击着地面，仿佛想要吸引他的注意。奥姆于是走到港口，走近了这匹马。

“你是谁？你想要什么？”他问。

“呜呜。”马回答道。

“什么？这又是什么咒语？”

奥姆走近它，抚摸着它的鬃毛。马用快乐又温和的眼神望着他。奥姆喊道：

“我亲爱的小狗，是你吗？”

马儿嘶叫着作为回答：“呜呜。”

“我真是疯了”奥姆用手势赶走了马儿，回去重新躺上铺位，又睡着了。

他梦到一支敌方的灯塔队，拿着武器在大城市中的大街小巷追赶他。街道上的门时不时自动打开，然而当他走近想要进去躲一躲时，这些门却又自动关上了。那些灯塔越来越近，高声叫道，受死吧，受死吧……奥姆于是骑上一匹有着狗脑袋的奇怪马儿，逃走了。

奥姆从梦中醒来。“这噩梦太可怕了！”他一边颤抖一边想。他到达了桥。夜幕降临，澄澈的月光温柔地洒在港口。

那么接下来呢？我该去哪儿？如何离开这个地方继续我的学艺之旅呢？就在这时，他又听到了蹄子敲打地面的声音。那马居然还在那儿？

“快走！”奥姆驱赶。

但是那马并不听话，只是继续用蹄子敲打地面。奥姆突然有个想法：“如果我不知道接下来该去哪儿，或许这匹马知道呢？”

他急匆匆将自己的东西收拾了，一股脑塞进背包里。下到港口之前，他最后看了一眼小船。即将离开一直陪伴着他的小船，他既悲伤又感激。

接着他转头坚定地登上了小路。当奥姆走近时，那马果然不再躁动了。奥姆翻身一跃，跳上马背，马儿甚至喜悦地颤抖了一下。“看你的本事啦！”奥姆梳理着它的鬃毛说。马儿发出开心的嘶鸣，开始大步向前。

他们很快就离开了城市。夜色中，奥姆只能看到身前两三米远。但他已经下定决心听天由命，而且这匹马儿看起来认识路。

他继续骑马前行，走了很久。月亮终于完完全全升了起来。澄澈的月光照亮了小路和四周。奥姆周围是干燥的、石子遍布的土地和一片缀满星辰的天空。

他继续走了很长时间，直到太过于疲累，再也赶不动路。他从马上下来，任由自己的身体滑到地面上。接着，他环视四周，寄希望于找到一个能躺下的地方，好让精疲力竭的身体放松片刻。他看到一个小小的灌木丛，或多或少能起到保护的作用。于是，他在硬邦邦的地面上躺下，把卷起来的外套垫在脖子底下，立刻睡着了。

第二天，奥姆被他的马叫醒了。马儿用鼻子尖去推他的腹部，一副很紧张的样子。奥姆坐起来，观察周围。此时此刻，他正在一座山顶上。俯瞰这一片荒凉的沙漠，放眼所见是一片无边沙海，在烈日下翻涌。

马儿用蹄子敲击着地面，仿佛是在要求什么东西。奥姆明白，它渴了。这时候他突然意识到，离开小船之后，他既没有食物也没有水了。我得去找到水，他想。

他一下子跳起来，伸长了身体望向地平线的尽头，想要找到一个看起来有水源和食物的地方。在很远处，他瞧见一个像是绿洲的地方。“我们运气好像还不错，”他开心地想，“除非那是个海市蜃楼。”他又突然感到心中一冷。

他跳到马上。马儿立刻就出发了，向着绿洲的方向跑去，仿佛并没考虑过别的路线。“看起来这匹马儿比我更知道我们该去哪儿！”事实上他早有这种感觉，但直到刚刚他都没能想起来。

下山的路途非常艰难。坡度很陡，而地面遍布石子，坑坑洼洼，搞得马儿走不太稳，有好几次都差点摔倒。他们到达山下的时候已经精疲力竭了，饥饿和干渴加剧了这种疲惫。凝视着眼前连绵的沙丘，奥姆发现他看不到绿洲了。

“那我们该怎么辨认方向呢？在这片荒漠里漫无目的地乱走碰运气，真的可以吗？”然而他的马看起来并没有这种疑惑，它毫不犹豫地在沙丘间穿行。“感谢上帝。”他低声道。

尽管疲劳和沙子让他脚步蹒跚，但马儿的步伐非常坚定。在一段仿佛没有尽头的行进之后，奥姆发现一片小小的青翠绿洲，正位于远处沙丘的正中心。他的心在胸膛中乱蹦。脚下也加快了速度。奥姆既喜悦又惊讶。马儿到底是怎么认路的？

他们脚下如今是柔软的草坪。棕榈树投下阴凉的树影。奥姆毫不犹豫地向绿洲中心走去。他们很快就到达了期待已久的水源：一口被墙包围起来的井。井上方还有一个穹顶，形状像个鸟笼。围栏有一扇沉重的铁门。

奥姆下了马，急匆匆向铁门走去。他试着扭动门把，一下子开心不起来了。这门是锁住的，他用尽全身力气摇晃铁门，喊道：“你会打开的对吗？你会打开的？”然而令人绝望的是，门依旧紧紧关着。

美人与泉水的咒语

“轻一点，轻一点，亲爱的王子。”被高墙围起的地方突然传出一个声音。奥姆停止了晃动门扉的动作，转眼便看到一个年轻的棕发女子出现在面前。她有着柔美的大眼睛，穿着一件白上衣，身材引人遐想，而紫色的宽松长裤使得她的步伐显得优雅而柔美。她的嗓音也仿佛有使人沉迷的魔力。奥姆以为自己是在做梦。这样美丽的女子为什么会出现在这种蛮荒之地呢？

“您是谁？”奥姆仿佛被蛊惑了一般问道。

“我可能是这口井的精灵。”美人郑重地回答。

“她在拿我开玩笑呢！”奥姆有点生气。

“不管您是不是精灵，我想喝水，我需要喝水，请帮我打开这扇门！”接着就像为了抵御年轻女子的魅力，他继续粗鲁地说，“快点把钥匙给我！”

“这样的门是没有钥匙的，英俊的大人。”女子回答道。

“这怎么可能没有钥匙？你在逗我玩儿吗？”奥姆感到很奇怪，越来越确定女子在嘲笑他。

他的马儿也变得越发躁动不安，它感觉到水就在不远处，于是发出嘶嘶声，不停在井边转圈。

“我怎么可能愚弄您呢，英俊的王子。确实没有钥匙，但是我们可以用一种更巧妙更优雅的方式打开这扇门。”

“巧妙优雅，这正是女孩子擅长的。”奥姆有点恼怒地想。

“你听好，”他说，“我没时间在这种无聊的话上浪费时间，帮我打开这扇门，因为我快要渴死了。我会嘉奖你的。”他边说着边将手伸进口袋，敲击里面的金币。

美人皱起了眉毛。

“我不是这样就可以收买的！”她气愤地说道，刚刚的温柔神情一扫而空，气得不得了。

奥姆对刚刚的话感到有些后悔。很长一段时间后，女子看到奥姆没有打断的意思，继续说：

“无论如何，我什么也帮不到您，您是唯一能打开这扇门的人。”

“我？你在说些什么？”奥姆很疑惑。

“是的，只有您能打开它。但是我可以传授您开门的方法。”美人突然又开心了起来。她靠近栏杆，用漂亮的小手紧紧握住了栅栏。她靠得太近了，奥姆甚至可以闻到她身上的香味。他仿佛乐意沉溺在那眼神中，再也不醒过来。突然，他一下子清醒了，吓得后退一步。自己已经结婚了，有个深爱着自己的妻子。况且，现下的当务之急是喝到水。

“这个所谓的方法是什么呢？”奥姆竭尽全力做出冷漠的

样子，问道。

女子看起来很失望，她后退一步坐回了原地。奥姆发现她没有穿鞋，银制的挂着小铃铛的脚环装点着那对漂亮的脚踝。

“这扇门有一种魔法。”她解释道。

“它可不是唯一有魔力的！”奥姆在心里想。尽管他努力抗拒，但还是不得不承认这一点。

“我被他的魔法困在里面了，如果你能打开这扇门，我就会获得自由，而你也能喝到水。”

“一派胡言！我才不相信这种鬼话。可别指望我会帮你！”

“但是几乎从来没有人从这里经过，您可能是我唯一的机会了！”女子激动地说。

“不行就是不行。”奥姆有点得意地回答，他意识到这次轮到他来拒绝别人了。“我倒要看看，她想怎么做，好让我帮她。”他想。

“求求您了，帮帮我，我不想一辈子都待在这儿！”女子恳求道。

“说过了不行，”奥姆干巴巴地回答，“你可以把泉水旁边的桶装满，穿过栏杆递给我。”

“但是您喝到水之后就会离开，任由我继续待在这儿！”

“你看，你甚至不相信我！我凭什么帮助一个想让我渴死，而且还不相信我的骗子！”他转过身，环臂在胸，露出一副绝不会轻易被拉拢的样子。

年轻的女子不再回复了。奥姆有点惊讶，他转过头去看她。发现她不带任何敌意地凝视着自己。

“好的，”她说，“您不愿意帮助我。”从她的声音中，奥姆可以听出她察觉了自己的拒绝，而且似乎将这种拒绝作为一件极为合理的事情接受了。

奥姆感到一阵放松，他的敌意找不到发泄的目标，也不再那样旺盛。“嗯，还不错，”他想，“她懂得不唱反调、不做评判，我得承认这招非常有用。”但同时，他对别人能够这样操纵自己的情绪感到有点轻微的恼火。

“是这样，我不想帮你。”

“好的，”女子用同样的语气说道，“那么您是否愿意告诉我为什么呢？”

奥姆想了一下，为什么自己不想帮助她？事实上，他也不太清楚为什么。甚至，仔细一想，这种拒绝还有点愚蠢。她明明是唯一一个可以避免奥姆渴死的人，但自己却不愿意答应她的要求。他试着回忆自己拒绝的理由。然后他说：

“因为我以为你在嘲笑我。根本没有什么魔法。我甚至怀疑这口泉水到底是不是真的。并且，我跟你说话浪费了宝贵的时间，我以为你是想用别人的苦难取乐！”

“我明白了……”年轻的女了温柔地回答道。

这个回复激怒了奥姆。“她说她理解我，但是她甚至有可能根本没听。要是她以为，轻轻松松地说一句我明白就能让我相信她，那可真搞错了！”

“事实上，”她继续说，“你是不愿意为一个你不相信的人承担任何一点点风险……是这样吗？”

“没错，是这样，”奥姆惊讶地说，“是这样没错，我自己甚至都不能说得这么清楚。”

他感到一种奇异的满意。他不再说话了，要不然他还能说些什么呢？对方倾听了他，而且理解了他。现在他没什么别的可说了。甚至，令他自己也感到惊讶的是，他开始想要知道女子身上到底发生了什么。在获得倾听之后，他甚至有了了解对方的打算。

在此时，他听到栅栏的锁中传来了金属嘎吱作响的声音。

“这又是什么鬼把戏！”他很惊讶，迅速走到把手旁，但是那锁依旧没打开。奥姆明白了，这是一个两层的锁，刚刚有一层自动打开了。

这让他想起了第一个世界的第三扇门，但是原理正好相反。最初的时候，那三重门闩是开着的，然而他们一重又一重地锁上了，因为自己做了一件又一件蠢事。而现在这扇门却正好相反，一开始，门锁是紧闭的，但刚刚在女子说了那些话之后却自己打开了。但这是为什么呢？

奥姆救美

奥姆快坚持不住了，他嘴巴干渴，呼吸困难，一堆想法在脑袋里糊成了一团，他太渴了。突然，希望的微光点亮了他的心。“刚刚没有用到钥匙，这个锁就打开了一半。所以她说的是真的！”现在，他得想明白到底是什么让第一道门栓打开了。

“你也看到了，英俊的王子，这门是可以打开的，而且并不是很难……”

“但是，”奥姆感到很气愤，“你明明知道怎么开门！你只需再重复一次，锁就会完全打开！”

“我已经完成了我能做的，”女子回答道，“现在轮到你做你的那一份了，咒语就是这样要求的，如果我自己能做到，我就不会被关在这儿了！”

“我应该做些什么？”奥姆急切地问道。

“我不能告诉你，你得自己去发现。”

奥姆坐在沙子上，把头放在两手之间，开始用力思索。“这是第四个挑战，我敢肯定和如何处理纷争有很大的关系。”他忍耐着干渴，继续想，“但这一次，我是那个拒绝的人。而她在使用我迄今为止学到的一切，还有一些我需要弄懂但却还没明白的东西。”

刚刚的事情是怎样发生的呢？我拒绝了她的要求，但她并没有发怒，也没有反对或是评价我的态度，反而询问我拒绝的原因。于是我得以自己察觉到了，她的每一个行为都使我更为放松，甚至渐渐变得无法拒绝她的要求。

而真正使我想法转变的是，她复述了我刚刚对她讲述的事情。就是在那一瞬间，我真正感觉到了放松。或者说，我的心扉是在那时敞开的……难道是因为这个吗？仅仅询问并且理解对方拒绝的理由并不足够。重要的是让对方理解自己已经明白了。这确实很像咒语的要求。

一切都清楚了！奥姆一下子站起来。他已经准备好运用他刚搞懂的东西了。他走近一步。女子抬头看着他，眼神中充满了期盼，于是他对女子说：

“现在我明白了你遇到的情况。你落入了这个陷阱，因而需要我的帮助。我同时也明白，有一个神秘地打开第二道锁的方法，但我得自己去发现它……”

他说话时，女子又走近了一步。她的眼睛里闪烁着期望的光芒。但炎热与干渴让奥姆越来越难以组织语言。

他艰难地继续道：“而且我明白了，你在没有告诉我具体怎么做的情况下，向我展示了如何打开第一道门闩。如果我模仿你的样子做这件事，第二道门闩也会自己打开。这样的话你可以获得自由，而我也能喝到泉水里的水，是这样吗？”

“没错！”女子仿佛获救了一般，喊道。

就在此时，奥姆听到了金属的咯吱声：第二道门闩刚刚自己打开了。奥姆和女子都迅速冲向门口，女子想要出来，而他想要进去。两个人都从自己那一侧用力拉门。奥姆用尽了全力靠在门上，女子也是一样。对自由的渴望让她变得力大无穷。他们想要开门的动作，使得门卡住了。

突然，又是一阵咯吱声。刚刚打开的门闩正在慢慢关上。见此，女子立马放开了握着门把的手。门一下从奥姆那边打开了，奥姆因为反作用力向后摔坐在了地上。女子迅速跑了出来。奥姆一下从地上跳起来。女子冲向他。

“别进去！”她恳求道。

干渴和对女子的不信任让奥姆用力推开了她。他冲向水源，把整个脑袋埋进了水里咕噜咕噜喝起来。沉浸在获得水源的兴奋中，他并没听到身后传来门缓缓关上的声音。

奥姆被咒语所困

第二重门闩关上的声音惊动了奥姆。他转过身，发现门又一次自己关上了，并且上了锁。女子站在另一边，正在哭泣。

“放我出去！”奥姆喊道。

那美女哭得更厉害了：

“我警告过你别进去了。”

奥姆走到门口，他握紧栏杆，用尽全身力气摇晃它。然而什么也没发生，门还是关着。他试图让自己冷静下来：“我是不是傻？我不是知道打开门锁的方式吗！”这样想着，他凝视着女子的眼睛，对她说：“假若我没想错，你现在之所以哭，是因为我被咒语关了起来，而你之前明明警告过我不要进去。”

“是这样没错，但这次这方法不管用了。这就是咒语的目的，你现在取代了我，成了传授者。你得像我刚刚做的那样，等到别人路过时，教会他你学到的东西。”

就在这时，女子发现了奥姆拴在一边的马。

“需要我帮你饮马吗？”她问奥姆。

奥姆抓起泉水旁的葫芦装满水，一言不发地递给女子。

此时他的心情复杂极了，一方面为完成了新挑战而雀跃，另一方面却为被关进陷阱而懊恼不已。

女子把葫芦拿到马旁边，抚摸马儿的脖颈，而马儿则欢腾地喝着水。突然，她脑中灵光一现，瞥了奥姆一眼，发现他正旁若无人地思考纠结，于是她想："对我来说，他的马可比他有用多了！"随后，她解开了拴着马的缰绳，一下跳上了马背，引着马走到泉水旁。奥姆抬起头来看着他们，还完全没反应过来发生了什么。

"我真的非常感激你救我出来。要是我们能一起离开，那该多好啊。"

说着，她又哭了起来。然而过了一会儿，她看起来恢复了精神，一甩缰绳便骑着马绝尘而去了。没过多久，一人一马就消失在了奥姆的视线中。

"偷走我的马，把我一个人留在这儿，这可真是个奇怪的感激方式！"奥姆高声指责。

绝望之下，他坐在沙地上哭起来。"我要怎么才能离开这里呢？没有人会经过这种荒漠的。我的人民还等着我去救他们……都是老智者！"他想着，突然愤怒极了，"是他想出了这种荒诞的学艺旅途。如果我一直被关在这儿，就算学会了处理冲突的方法，又有什么用呢？"

"都怪老头儿……啊，对呀！"奥姆眼中突然亮起了希望之光，"他能把我从这里救出去！我的火柴呢？"他在口袋里疯狂摸索，指尖终于碰到了那宝贝盒子。他长舒一口气，把它从口袋里拿了出来。盒子里只剩孤零零的两根火柴了。

他坐在门边，后背顶着矮墙好防止风吹来。他感觉自己在颤抖。他小心翼翼地从盒子里取出一根火柴擦亮。火焰立刻燃烧了起来。

“所以，你遇到麻烦了？”有人在他身后说。正是智者！魔法又一次生效了！奥姆一下子站了起来。看到智者正站在栅栏的另一边。他的眼睛闪烁着光亮。

“你看，我被关起来了，放我出去！”奥姆喊道。

“不。”智者简短地回答。

奥姆很生气，他怎么能拒绝呢？

他正打算全力抗议的时候，突然想起了刚刚学到的东西。他竭力控制住自己，思索着：“老者向来是很睿智的，如果他拒绝我的请求，一定是有什么理由。让我来问个究竟，看看能不能改变他的想法。”

“好吧，那不知道您愿不愿意告诉我，您为什么拒绝呢？”

智者温柔地笑了。

“和我们上次见面的时候比起来，你真的进步很大，没那么容易掉进我的陷阱里了。既然你问了，那我就告诉你我拒绝的原因。首先，这是为了让你能够打开第一重门闩。因为这是解开咒语的条件：必须要由被锁在里面的人先开始。”

“这种事您又是怎么知道的？是您害我陷入这个该死的魔

法里的吗？”奥姆不信任地问道。

“不，不是我，”智者微笑着回答道，“但我确实或多或少了解一些。第二个原因呢，是我想看看这门技艺你到底掌握到了什么程度，能不能把学到的东西活学活用。”

奥姆深吸一口气，深呼吸了一会儿。

“我明白了，”最终他说，“事实上，您是想看看我能不能学以致用，也是为了给我一个机会复述您说的话——这正是打开第一道锁的诀窍，是这样吗？”

“正是如此。”智者笑着说。

正在此时，响起了第一重门闩打开的声音。

“果然打开了！接下来要靠您了！”奥姆雀跃道。

“靠我？什么意思？我该做什么呢？”

“我不能告诉您，”奥姆耐心地说，“您也知道的，得自己找到答案，要不然这扇门会一直关着。加油！做点什么！”

“其实，我很担心一件事，”一阵沉默过后，智者回答说，“要知道，这门技艺的传承是非常重要的，如果你出来了，谁来替代你的位置呢？”

“您！”奥姆立马想到，但他控制住了自己，并没说出来。

“当然，”奥姆已经开始形成良性的反射，“您希望这项技艺能继续传授给尽可能多的人吗？”

“看来这些天你确实进步很大，你的言辞和举动都让我愿意帮助你。但是在那之前，先告诉我，你新学到了什么东西？”

“光靠了解对方拒绝的理由是不够的，”奥姆带着一点不快回答道，“你还得让他知道你理解他。我们得用自己的话把他所说的复述一遍，这会使得他改变自己的态度。就像这门一样，锁会自己打开。这样做会让对方敞开心扉！”

“正是如此，”智者赞同，“当人们讲述一件事情的时候，他们希望被理解。只要他们不觉得自己被理解了，就会一直不停地说下去。而当他们知道对方理解了自己，就会主动停下来。你看，奥姆，这就是一个美丽的悖论：如果你想让别人闭嘴，你得先真正地倾听他。这招百试百灵！”

“那如果他否认了，说自己刚刚不是这个意思，那该怎么办？”

“那你就得重新使用一次这个技巧，再去询问拒绝的理由，然后再一次重组他的句子。”

“那如果对方再一次拒绝呢？”奥姆坚持问道。

“那你就继续询问，直到他愿意告诉你为止。你并不比谁傻，如果你真的全心聆听了，总能理解对方的处境。”

“万一那人就是一直拒绝呢，这种情况确实也有可能发生，不是吗？”

“你说的有道理，”智者说，“确实，偶尔你会发现对方并不想被理解。要么是因为他的理由说不出口，要么他自己也没有意识自己拒绝的理由。要不然就是对方刻意找碴儿，想要激发冲突。”

“那这种时候，您的方法就派不上用场了！”

“并不，方法照样是管用的，”智者解释说，“它可以帮助我们观察对方是什么样的人，好判断有没有可能获得圆满的谈判结果。你看，通常在纷争中，我们首先倾向于怀疑对方，等待对方向我们证明自己心怀善意。而在我们的练习中，我们却反其道而行之。我们先假设对方是善意的，除非有什么证据能证明他们不是。我们先假设他们是因为正当的理由拒绝我们，再怀着诚意努力去理解这些理由，仔仔细细确认自己是否真的完全听懂了。如果在做完这一切之后，我们发现对方并不想被理解，也只需要改变自己的态度就行了。”

“我懂了，也就是说，这是一个用来辨认坏家伙的最好工具！”

“如果你非得这么认为的话，”老者笑着说，“就我个人来说，我一般只会尝试三次，如果心情好的话，有可能四次，如果恰巧遇到我愉快得不得了，我就再努力一次。这样还不行的话，我就只好放弃这个方法，使出下策：动武或是直接放弃。我知道自己无法得到双赢的结果，但是至少也清楚知道了对方是怎样一个人，了解了这个方法的极限。”

“这种情况经常发生吗？”奥姆问道。

“非常罕见，那些拒绝我们的人往往总是有着很正当的理由。”

奥姆脱身

“很好，但是这扇门还是关着的，而我的人民正在苦难中煎熬！快！您快想些办法搞明白，到底该怎么打开这锁。我明白您想要这项技能继续传承，但是总会有别的办法不是吗？”奥姆说道。

“你现在想让我自己找到打开第二道门闩的方法，而且，你看起来也盼着有人能代替你被关起来，比如我，是这样吗？”

“没错。”奥姆承认。

听到第二道门闩打开的声音，他心中充满了喜悦，却也有一点尴尬，因为刚刚他惊讶地发现，智者不仅复述了他说出来的话，甚至看透了他的言外之意。

他强词夺理地解释道：“除了您，这儿没别的人能代替我了。而且不论如何，是您让我学艺的，所以您得为这个古怪的咒语负责。而我有一个很棘手的冲突要去解决，还需要去拯救我的人民……”

先知笑了，他说道：“好了好了，你脸皮还挺厚的。我会替你待在这儿，只是我希望在有人路过接替我的位子之前，你可别又需要我帮忙。”

奥姆听了这话，确实有点担心，但他太想重获自由了。

“快出来，好让我接替你。行了，别磨蹭。”老者嘟嘟哝哝地抱怨说。

奥姆一步就跳到了栅栏门口打开了它。他急匆匆地往外冲，差点儿撞倒了准备进来的老智者。

“注意礼貌！”老人一边关上了身后的门一边埋怨。奥姆听到了门闩锁上的声音。

“眼下这情形可真是太古怪了！”奥姆看着被关在栅栏后面的老智者，“全能的魔术师现在变成了咒语的囚徒，而我却出来了……”

“你蠢兮兮地看着我干什么？”老者有点儿不愉快地摆手，“快点儿上路，你的旅途还没结束呢，赶紧走！”

“但我不知道接下来去哪儿！”奥姆抱怨道。此时他才发现自己被困在沙漠中央，而且没有代步工具。

“自己想办法，正确的星星会给你指路的！”老者干巴巴地回答。

语毕，他立马躺在地上睡着了。几秒钟之后，呼噜声雷鸣般响了起来。

此时夜幕也已降临，成千上万的星星布满了天空。奥姆盯着它们看了一会儿，搞不清哪颗才算是正确的星星。他想了想，找到了其中最亮的那颗星，慢慢朝那个方向前进。他感到无比的孤独无措。这一切实在是太荒谬了！在荒漠的深处随便选一颗星星跟着，指望星星能带他去连他自己都不知道的目的地？

他又一次想起了自己的妻子、父亲和人民，这给了他一点勇气。就这样，他徒步走了一整夜。黎明时，他筋疲力尽，任由自己倒在地上，沉入了梦乡。

七

第五关

学习如何“不卑不亢”

赞不怒和赞布松部落

奥姆一觉醒来惊讶地发现自己动不了了。他的手腕和脚在睡梦中被绑了起来，做这一切的人甚至没有吵醒他。他环视四周，夜色几乎已经降临，他一定睡了很长时间!

奥姆被二十多个男子包围了起来，他们坐在地上，定定地看着他。每个人面前有一块蓝布，遮起了他们的面孔。

其中一个男子站起来，把手放在腰侧的剑柄上。走近了奥姆。

奥姆被恐惧震慑住了。

“您是谁？您想要什么？”他喊道。

男子继续向他走来。

“放开我！”奥姆用自己惯用的上位者的口吻命令道。

男子双膝着地，把脸凑近了奥姆。他认真注视了奥姆的眼睛几秒钟，然后说：

“不。”

这拒绝很清楚坚定，但却没什么攻击性，接下来，他慢慢站起来，依旧盯着奥姆。

奥姆没再继续发牢骚。他轻轻地点了点头，仿佛在表示自己明白了男子这样做的原因，而且并不表示反对。男子脸上浮现出一个不易察觉的惊讶表情。他又看了奥姆一会儿，随后转过身去，重新回到了之前的位子上。

奥姆想道："眼下我的处境并不太妙。他们大概是不可能听我话的。但我现在已经掌握了一部分解决分歧的技巧。证据是什么呢？刚刚他拒绝放开我的时候，我几乎不恐慌，也不生气。不论如何，我什么都没表现出来。我也没说什么会被他视作质疑或是反对的话。

"也就是说，我成功地使用了平息情绪的艺术。接下来，理论上来讲，我应该问他为什么不愿意放开我，然而不知道为什么，我觉得这不是一个好主意。现在还太早了，之后兴许会有机会，只要他再一次拒绝放开我，我就可以使用方法的第三个步骤了！"

接着他发现这样的想法真的十分荒唐。

"天哪，"他想，"我一向讨厌别人反对我，但现在我竟然会希望别人这样做，这真是太奇怪了……如果他们的囚禁也是我学艺之旅的一部分呢，如果现在这个困难的情况可以让我学到下一步呢？当然，前提是我能活着出去……"

他战栗了一下。人们正在交谈，没太注意他的动作。突然，所有人都安静了下来，一个小个子男子一边搓着手一边走进了圈子里。他带着一个高高的镀金头饰，上面装饰着五彩的石头。那头饰几乎和他一般高。"可能是为了弥补身高缺陷。”奥姆想着。这一定就是部落的首领了。首领朝着奥姆走过来。他一直摩擦着双手，反复说着“完美”“完美”，神色非常满意。

“放开我！”奥姆要求道，试图引起他的拒绝。

小个子男子突然停止了踱步，靠近奥姆。他凝视了奥姆一会儿，用细细的声音说道：

“您希望我们放开您，但是为什么呢？”他这样问着，坐在了奥姆对面。

“这跟剧本不一样，他抢走了我台词先问了为什么！这样我甚至没法复述他的话！”

一瞬的窘迫之后，他重新找回了自己。无论如何，问题是什么呢？

“我很想回答您，”他说，“但是至少放开我的脚，好让我能够舒服地坐着说话！”

首领点头示意。两个男子立马站起来，放开了系在他脚上和手腕上的绳子。奥姆揉揉脚踝，坐在了地上。

男子们走近，坐在他们的首领旁边，而奥姆开始讲述自己的故事。

很快，他就为人们对他的故事产生浓厚兴趣所震惊了。当他讲述路遇的艰险时，人们甚至会因为其中的情节而不安地扭动身体。当奥姆描述到自己在旅途中感到失落灰心的时候，他们的表情也因为情节而黯淡下来。而当听到奥姆成功完成挑战的时候，他们的眼睛里闪烁着激动喜悦的光芒。

当奥姆介绍这一方法的不同步骤时，一种神秘却生动的沉默在人群中蔓延。总而言之，他们完全为奥姆学艺之旅所吸引了。

奥姆也为他们这种专注所影响了，他很开心地讲述着自己的经历，有时候还往其中添加一些情节，捏造一点自己没做过的事，好让自己的形象显得更为高大。

讲到旅行的第四个阶段，他详细描述了自己是如何领悟复述的必要性，他讲述了水源、陌生的美丽女子、两重锁，以及他如何被智者用咒语困住的。

人们表现出急迫的样子，他们凑近他，上半身也倾向他的方向，眼中闪烁着急切，一些人甚至握紧了双拳，仿佛是在等待聆听一个能够改变他们生命的启示。

但当他讲到自己按照最亮星辰指示的方向在沙漠中行进了很长的一段时间，最终却精疲力竭倒在沙地上睡着了的时候，人们急切的情绪突然转变成了一种慌乱。首领喊道：

“等等！”

奥姆很惊讶他会打断自己。首领用颤抖的手指指着他，说：

“你想说，我们是在这时找到了你？”

“没错。”对方的问题和激烈的情绪都让奥姆感到大为疑惑。

所有人都低下了头，他们的背突然弯了下来，仿佛陷入了无边的失望当中。首领高高的头饰落在了地面上，但他看起来丝毫没有捡起来的打算。奥姆完全不知道这是怎么回事。

“发生了什么？”过了一会儿，奥姆终于敢问出声。

首领艰难地抬起头，解释道：“其实几代人以来，我们部落一直都在使用你刚刚说过的四个能力。”他捡回自己的头饰，重新放到头顶：“甚至可以说，我们是使用它的专家。”

“那么问题出在哪儿呢？”奥姆问道。

“问题就在于，这些方法并不管用。”首领慢慢地回答。

“此话怎讲？”奥姆完全震惊了。

“你叫什么名字？你是谁？”首领询问他。

“我叫奥姆，是蓝王国的国王。”

“我名叫赞不怒，是赞布松部落的首领。我们是游牧民族，几代人都居住在这片荒漠中。”

“很高兴认识您！”奥姆说道，然而对方却没有回复。

“你看，奥姆，”首领继续说，“一直以来，我们的部落都以善良而著称，我们喜欢让其他人感到愉快。我们讨厌冲突，很容易就对别人表示赞同。一直以来，我们努力维护和别人的关系。爱和友谊对于我们来说是极为重要的。正因如此，人们都喜欢我们，愿意和我们做朋友。而当分歧发生时，我们擅长控制自己的情绪，也善于平息别人的情绪。我们很自然地就能理解对方的难处，对他们感到好奇。我们一直很自如地使用着复述的艺术。”

“这是很幸运的呀！”奥姆说。

“不，这并不是幸运，我接下来就会告诉你为什么。”

赞布松族遇到了麻烦

“最大的问题在于，因为我们总是设身处地从对方的角度考虑，常常太过于理解他们拒绝的原因，以至于赞同他们的做法。仿佛通过这种换位思考，我们变成了对方，也自然而然地去期望他们所期望的。尽管我们很高兴能被大家所喜爱，但我们经常感觉到人们在利用我们的善良。每隔一段时间，我们就会有这种感觉。我们已经数不清有多少次，因为接受了本不想接受的事情，而在不正当协议中受损！这几乎已经成了一种自然而然的事情。我们太过于擅长从别人的角度出发，忘记了自己真正想要什么。而更令人难过的是，尽管人们喜欢我们，但却并不真正尊重我们。因为我们总是在说‘没关系’‘不严重’‘由您决定’。没有人敬畏我们。最终，我们把这些感受都压抑下来，只给别人展示友善的微笑。最糟的是，有的时候，当我们压抑了太久，这些积累已久的不满会一下子爆发。我们开始为了一些鸡毛蒜皮的小事对别人大喊大叫，甚至攻击别人。而周边的人们会为这种不寻常的暴力而震惊。他们就会有一段时间保持低调。

“而我们则会为此感到耻辱和歉疚。我们再一次变回温柔友善、善解人意的样子。于是整个循环再次开始了。”

语毕，人们悲伤地点头附和。

“在上一次与相邻部落谈判的时候，我们的部落又陷入了这样的困境。我们太理解对方的难处了，以致完全妥协。我们对谈判的结果感到极度失望，以至于我突然决定要不择手段弥补损失。正是因此，我们才决定绑架你换取赎金。但正如你所见，我们部落的人并没有办法一直扮演刽子手的角色。动武让我们觉得羞耻。我们很快就放开了你，而且根本不想继续囚禁你了，甚至，我们开始全心全意希望你能够回到自己的国家，拯救你的人民。”

奥姆被他们的善良和绝望震撼了，再也生不出逃走的欲望。他甚至想要帮助他们。与此同时，他想起了此行的目的。若是真像他们所说那般在谈判中永远处于劣势，即使学会了四项技能又有什么用呢？如果要放弃自己的立场，那还不如一开始就直接放弃！智者是不是搞错了这些技能的效果呢？自己又该如何用根本不管用的方法和红国王谈判，取到河水呢？这场旅行难道只是一场空？灰心丧气的情绪淹没了奥姆，但他竭力恢复了镇静。

“那你们为什么要持续采用一些不管用的手段呢？”他突然意识到问题所在。

“相信我，奥姆，我们并非从一开始就这样善解人意的。我的曾祖父名叫吉易冲。他和他的手下都是那种喜欢决定一切的人。但凡是他们垂涎的，他们都要得到。不论这会对他们与其他人的关系造成怎样的伤害。他们只看结果，不论手段。而他们最擅长的便是使用武力。为了获取想要的，他们什么都做得出来。

“当然，他们过激的行为让大家非常害怕他们，都躲着他们。于是他们常常被孤立。而由于他们并不想被孤立，他们对此感到无比愤怒，要求别人喜爱、拥戴他们。这样的强迫使得他们越发被孤立了。

“于是，他们常常陷入绝望的情绪中。他们的绝望引发了周围人的同情，人们再一次接近他们，然而同样的恶性循环也再次开始。

“有的时候情况比这还糟。当他们遇到性情类似的部落时，冲突一触即发。谈判中，没有人愿意在任何一件事上让步。谈判总会演变成血腥的冲突，搞得双方耗尽国力，没人从中获益。

“年复一年的悲剧让我们下定决心放弃这些旧的习惯，转而寻找新的方法。这种能够管理情绪、设身处地为他人着想的能力，是我们历经了几代人探索才获得的。我们有了进步，但依然有很长的路要走。”

“而且你们这种善解人意的态度并没有给你们带来更多好处呀！”奥姆指出。

“这确实是真的，但我们相信，如今我们正走在正确的方向。路漫漫其修远兮，目前我们还缺少一点东西。”

“缺少什么呢？”奥姆追问。

“一些能使我们不再直接放弃或是诉诸武力冲突的东西。”

“没错，一些东西，但到底是什么东西呢？”奥姆仍旧不解。

“我们还希望你会教我们呢！”首领伤心地说道。

“其实我也在指望你们教会我……”奥姆也很失落。

大家都长叹了一口气。

“好了，真是够了！”首领一下子跳起来，抽出身侧的宝剑，大喊道，“我真是受够了这种沮丧和叹息！我们受够了当好人！受够了竹篮打水的努力！受够了扮演善解人意的一方！你要是找不到解决我们问题的方法，就别想离开这里。你要知道，你仅仅是进行了一趟旅程，就学会了我们几代人才学会的东西。你肯定有办法找到我们缺少的东西！让我们把这个人绑到野兽坑上！”

土狼坑惊魂

他们粗暴地把奥姆带到了一棵光秃秃的老树旁，那树下有一个漆黑的深坑。他们把奥姆绑起来，像挂香肠一样挂到深坑正上方那根最粗的树杈上。奥姆感到脚下大约三米的地方有什么东西正蠢蠢欲动。他往下一瞥，那坑里全是土狼，它们在他脚下来回地转着圈。他看到土狼们发着寒光的眼睛，听到了獠牙碰撞的声音，恐惧极了。

“不，不要这样，”奥姆恳求，“你们不能这样做，你们说过你们想帮助我，求求你们了，放我离开吧！”

“不可能的。”首领甚至没让他把话说完。

“好的。”奥姆说。他试图镇定下来，为自己争取一点时间，好来得及使用先前学到的技能。

“不论同意与否，你都没有选择。在这里一切我说了算。也别想着使用你学到的那些手段，那些东西我们都烂熟于心了。你要是想知道我们为什么这样做，我就告诉你，因为我们想让你找到我们缺少的那项能力。对，我们就只想要这个。你看，我帮你省掉了询问和复述的步骤。你直接从我们感兴趣的部分开始吧。从这个处境中逃脱！想办法让我们放你走！”

他只是想让我害怕。奥姆想。从这个高度，这些土狼即使跳起来也够不到我，这让我稍微放心了一点。

“你们打算给我多长时间？”他问道。

“我们不限制时间，只限制你答错问题的次数。每次答错，我们就会把你放下去半米。”

“但是这岂不就是说我只能犯三四次错！”奥姆恐慌地说。

“正是如此，看来你懂了嘛！”首领冷冰冰地说。

奥姆还没有反应过来，这种态度的大逆转实在是令人难以理解。首领展现出的残忍超出了奥姆的想象，他本以为一个可以如此自然地倾听他人又具有同理心的人，是断然不会如此残暴的。

“天快要黑了，我们会让你自己好好考虑一下的，等你有了什么思路，只要喊一声，我们就会过来听听你怎么说。要是到黎明时你还什么都想不出来，我们会把绳子剪断的。用餐愉快！”他阴森森地补充道。

他做了个手势，其他人都站了起来，离开了这里。

“他们已经濒临崩溃了。他们经历了太多的妥协和无望的努力，已经到了极限。先祖的行为模式重新显现在了他们身上。对于如今的所作所为，他们并不像之前说的那样感到羞耻或是歉疚。他们已经没有回头路可走了。我还是好好思考为妙，而且一定要快！”

奥姆飞速回顾自己之前所学："前两个步骤是为了帮助人们缓和情绪，理解他人的拒绝并非针对自己，先缓和自己的情绪。接着，不要唱反调或是做评判，试着缓和对方的情绪。第三个步骤则是询问拒绝的理由，打听出对方的需求，好明白如何才能让对方同意。第四个步骤则是复述，让对方自己与他感同身受。到这儿为止，对方会感受到被倾听、被理解，因而保持安静。而他们部落就是在这一步陷入了僵局。为什么呢？因为他们放弃了自己想要的。或许这时正应该利用对方的沉默和信任来提出自己的要求？或许这就是解决方案？一步接一步，从理解到要求。他有点儿阴险地想。先假作善意地哄骗，再强加自己的观点……一定就是这样没错了！他想到了智者。真是个伪君子。他搞了这么多步骤，结果其实只需要做做样子。只要对方一放下警惕，我就可以乘虚而入！"奥姆十分肯定，他激动地喊来首领。首领果然立刻赶来了。

"我想到办法了，放我下来！"奥姆说道。

"好的。"酋长抓着绳子的另一头，开始缓缓将奥姆冲着深坑往下放。

"您在干吗？停下！"奥姆大喊。

"你得搞清楚！"首长说，"快点儿，给我一点想放你下来的欲望。"他露出了一个坏笑："你让我想到了一个好主意！如果你说的话让我想要放你下来，我就把你升起来一点点。如果你说的哪句话让我不开心，我就把你放下去一点。这会鼓励你更努力点儿，也会让我玩得更开心。”

“不，你不能这样更改游戏规则！”

闻言，首领立刻将绳子放下了二十多厘米。

“好吧好吧，我按您说的做。”

首领拽住绳子把奥姆往上升了十厘米。奥姆尝试着镇定下来。

“您的部落现在处境十分艰难……在和其他部落打交道的时候，你们选择放弃武力，用善解人意的态度与他们交往。然而，你们发现，尽管这可以让你们建立良好的人际关系，却无法让你们得到想要的。你们确信这种友善的态度是正确的，但你们觉得自己还缺少某些能力。你们需要知道如何在理解他人处境的同时不放弃自己想要的东西。你们希望我能够学会这个方法，然后传授给你们，是这样吗？”

“正是如此。”首领满意地说，并把奥姆往上提了二十多厘米。

好了，现在我哄住他了，可以进行下一步了。奥姆想道。

“我知道你们，需要学会这项能力，”奥姆继续说，“但是我得要回自己的国家，拯救我的人民……”

他没来得及接着说下去。首长一下子把绳子往下放了三十多厘米。奥姆感到自己的血液吓得凝固在了血管里。

“我说什么惹您生气的话了吗？”奥姆恐惧地询问。

“我不知道，反正有什么事情让我不开心。我感觉自己刚刚说的一切对你来讲一点儿都不重要。你只关心能不能回到自己的国家。虽然不知道为什么，但我感觉到你是这么想的了。你还是试试别的方法吧。”

奥姆试图再次镇定下来，他接着说道：

“我知道你们需要这项能力，但是我也……”又一次，他还没来得及说完，就恐惧地察觉到绳子又往下降了三十多厘米。一低头就能看到那些土狼在脚下蠢蠢欲动。

“我说了什么？”他大喊道。

“其实，你也需要这项能力，本来让我想把你往上提一提。但你的话中还有些其他的东西让我生气。我总感觉你其实在说：您不应该把我关起来，因为我和你们一样，我和你们需要一样的东西。也就是说，在表示了你理解我们之后，你指责我做错了。”

“但我从来没这么说！”奥姆抗议道。

首领立马又把他往下降了二十多厘米。

“你又开始了！应该说你真是很会惹我生气！依我看，你还得再仔细想想。好好想想到底为什么你的话会让我觉得我们的问题对你来说无足轻重，你关心的只有自己的命运。当你说你理解我，但是……这简直就好像你把我之前讲述的一切都无效化了。就好比你明明举着白旗来，结果却对我宣战。”

“但……”奥姆打算抗议，可他还没来得及说，绳子就往下滑了三十多厘米。

“就是这样！”

“但我什么都没说！”奥姆完全没明白发生了什么。

“你看又开始了！”首领又让绳子往下降了一些，“这真奇怪！所以你好好想想吧。我走了。等你找到真正的好主意再叫我。”他又让绳子往下滑了将近半米，然后说道：“这样你可能会更积极一点儿吧……”

奥姆悟出一道玄机

这下奥姆又是独自一人了。他想算一算自己离深坑还有多远。低头一看，发现只剩大概半米左右。“我可不能再答错了！”他忧心地想，“唉，要是没让智者代替我被关起来就好了！”

他翻来覆去地思索，却始终想不出答案……最终他被悬挂在树枝上，精疲力竭地睡着了。他做了一个奇怪的梦。智者站在一座着火的小房子门口，看起来是他家。那是一座村镇边缘的小茅屋，旁边不远就是个小池塘，水面倒映着熊熊的火光。火势异常凶猛。

智者站在那儿一动不动，仿佛正在欣赏眼前的景色，甚至朝着火焰伸出双手去感受那热度。突然，他蹲下身，捡起一根树杈，扔进了火里。然后，一根接一根捡起地上的树枝，把它们全扔了进去。“他在干吗？”奥姆对看到的一切难以置信。

就在此时，村里的人们带着各种各样的容器出现了。人们在池塘和房子之间成队地来来回回，热心地试图灭火。

与此同时，一片厚厚的乌云出现在了地平线上。那朵云迅速向这边移动，很快就笼罩了茅屋上空，大雨倾盆而下浇在茅屋上，火势减弱了。人们不再排着队救火了，他们围在屋子旁边，等待大雨把火浇灭。

而智者突然动了起来，他提起一个桶跑向水池。他将桶里装满水，飞速跑回来把水浇在剩余的火焰上。“毫无疑问，他彻底疯了！”奥姆这样想着，走近了智者，抓住他的手臂。

“您在干什么，快停下！您疯了吗？”他喊道。

智者看着他，很惊讶地说：“起火的时候我就帮助火，而水来了我就站在水这一边。谁在这儿我就帮助谁，我不反对别人！”

他继续说：“你最好也学着我这样做！”奥姆一下犹如醍醐灌顶，从梦中醒了过来。

“我明白了！我明白自己的话中哪个部分激怒他了！原来他是因为这个才觉得我并不真正关心他的处境！”

奥姆再次召唤，赞不怒很快就来了。

“所以呢？你发现什么了吗？”他问道。

“大概……”奥姆谨慎地回答。

“说来听听吧！”首领紧紧抓住了悬挂着奥姆的绳子。

“我明白，你们急需知道这方法的第五个步骤，因为一直以来你们都试图理解别人，却没有人听到你们的意见，你们也总得不到自己需要的东西。现在，你们寄希望于我能找到这个方法，是这样吗？”

“是，没错，你已经第三次重述我们的需要了。翻来覆去地让人耳朵起茧，但听到终于有人理解我们还是挺开心的。然后呢？接着说。”他说着，把奥姆往上拽了两三厘米。

“至于我，我的愿望是找到如何在表达自己意见时不引发对方的不快。如果我学不到完整的方法，我是没法回蓝王国的。并且，我认为只有和你们共同协作，我才更容易学到这最后一步。”

“嗯……真奇怪，我竟然真的有点儿想把你放下来。但你是怎么做到的？我想知道！”他这么说着，把奥姆往上拽了大约一米。

“我想，我可能学到了一些很重要的东西，现在我想给您讲解一下。您能先把我放下来吗？”

首领显得有些怀疑：“谁知道你会不会直接逃走呢？”

“这个秘诀对你们非常重要，我理解你们不愿意冒任何风险。同时，如果没有这些紧紧拴着我、让我有点窒息的绳子，我也能更轻松地向你们传授这诀窍。而且其实我现在很害怕，很希望能待在一个更安全的地方。”

“看起来你确确实实地学到了什么很重要的东西。你说的话居然一点儿也不会激起我的愤怒……我太想知道你的秘诀了！”

“而我也确实非常想把它分享给您。另一方面，这样被拴在一个土狼窝上，挂在一根随时可能断掉的破绳子尽头，实在不是很能保证这秘密的安全。”

“你说得很有道理，”闻言，首领连忙说道，“你等等，不要乱动，这就把你从这个不安全的地方解救出来！”

很快，奥姆就被接到了首领旁边。首领的态度完全改变了：他的面庞因喜悦而放光，他开心地笑着，围着奥姆转来转去，不停说：

“神奇！太神奇了！你居然解决了困扰我们这么久的神秘难题！你刚刚已经证明了，我们能在不放弃自己需求的情况下理解别人。并且能把自己的想法在不引起对方愤怒的情况下传达出去。最重要的是，你获得了你想要的：我把你从树上放下来了！奇妙！太奇妙了！你刚刚证明了即使不用武力，不对别人卑躬屈膝，我们也有办法获得我们想要的！太厉害了！你到底是怎么做到的？这其中的诀窍是什么？告诉我们吧，求求你了！”

奥姆授艺赞不怒

“先给我喝点水吧！我口干舌燥，说起话来实在非常困难！”奥姆回答。

“没问题，当然没问题！”赞不怒连忙殷勤地说。

他为奥姆拿来了一个装得满满的水壶。奥姆大口大口痛饮起来。清凉的水让他恢复了活力，心中再次充满了完成使命的希望。

“那么快把这秘诀告诉我吧！”首领急切地请求道。

“其实我不太明白自己是怎么让你把我从树上放下来的，但我相信，我确实明白了一些很重要的事情。”

“继续讲！”首领请求。

“当我们明白别人想要什么之后，我们很容易陷入两个误区里……第一个是什么呢？就是放弃我们自己想要的。而这些年以来你们正是陷入了这个误区，是吗？”

“第二个误区是什么呢？”

“再次诉诸武力。用一种破坏对方信任的方式提出我们的要求。”

“这是怎么发生的呢？”首领焦躁不安地问。

“只要说错一个词就足够了。”

“一个词？”

“对。这一个词就足以让对方明白，尽管我们知道对方的需求，但我们仍旧站在自己的立场上，心系的也还是自己的利益。”

“仅仅一个词？是什么不吉利的词有这种效果？”

“只是一个很小的词罢了。但只此一词，就可以抹杀我们之前所有的努力。这一个词就可以重新树立敌对的气氛，宣告战争的开始。”

“到底是什么词？别卖关子了！”

“在我们的最后一次谈判中，我停止使用这个词，把它换成了另外一个更小的、但有更强力量的词。”

“你在逗我玩儿吗？”赞不怒有点生气了，“说什么只需要将一个词换成另外一个就能扭转局势！你可别告诉我，我们在这个陷阱里困了这么多年，只不过是因为一个词！”

“这个词本身并不是全部，重要的是它所暗示的东西。语言只不过是载体，它所传递的意思才是最重要的。”奥姆沉静地回答。

“那需要传递什么讯息？”

“在我心中，你的利益和我的同等重要。”

“有什么词可以表达这件事吗？”

“有的，”奥姆笑着说，“这个词，可以表达出我并不反对你，更为神奇的是，它还能在不引起你反感的情况下说明什么是我需要的！你用我的生命威胁我逼我寻找的正是这个，不是吗？”

“快告诉我这个词，要不然就受死吧！”说着，首领把剑抽出了剑鞘。

“但是……”奥姆说。

“没有什么但是！”首领生气地把剑抵上了奥姆的喉咙。

“有的。‘但是’就是那个不吉利的词。”

首领一下子顿住了。他陷入了沉思。他记起每一次他打算把奥姆往下降，都是在奥姆说出了‘但是’之后。“我知道您很需要这项能力，但是我得要回到自己的国家，拯救我的人民……”

他立马明白了，并非这个词语本身，而是其后隐含的意思触怒了他。

“原来如此！”他思索着说道，“这真是不可思议，你用哪个词代替了它呢？”

“还有一个词传递了相反的信息：我理解你的立场，也不反对你获得你想要的，我们的处境看似对立，实则可以共存，我接下来要跟你说的与你刚刚告诉我的，并无冲突。”

“你仅仅用一个词就能表达这么复杂的意思吗？”首领困惑地挠着脑袋。

“我这就告诉您。一般，如果您不打算让两个观点对立，而是打算将他们并列。您会选哪个简单的词呢？”

“‘和’？这就是那个有魔法的词吗？”

“没错，‘和’。或者其他可以表达两个并列观点的词：‘同时’‘在我看来’‘对我来说’……您回想一下，正是当我使用了这些词的时候，您将我一点一点拉了上来。我用这些词换掉了‘但是’。”

“这个秘诀对你们非常重要，我理解你们不愿意冒任何风险。同时，如果没有这根紧紧拴着我、让我有点窒息的绳子，我也能更轻松地向你们传授这诀窍。而且其实我现在很害怕，很希望能待在一个更安全的地方。另一方面，这样被拴在一个土狼窝上，挂在一根随时可能断掉的破绳子尽头，实在不是很能保证这秘密的安全。”

“我明白了，用‘和’换掉‘但是’的话，你在说出自己需求的同时也不会引起我的敌视！”

“没错，这个词能够让我找到一个既非直接放弃也无须动武的立场！这正是所谓的不卑不亢！这是一种微妙的平衡，一种真正强大的力量！”

“但这里面还是少了些什么……”首领打断道。

“哪里不妥呢？”

只差一步便大功告成

“你讲明白了自己的观点，又没让我感到敌意。这种能力确实很重要，但你是怎么做到让我把你从树上放下来的呢？不让我感觉到敌意并不意味着我就按照你的愿望做事！而且我明明刚拒绝过你！你要怎么解释这一点呢？”

奥姆想了一会儿。

“我不知道。我虽然发现了并列的艺术，但却不知道是什么说服了您。其实，刚刚我突然意识到我们的观点并非对立，反而是互补的：您坚持要我说出我的诀窍，而我希望保证我的生存。一旦意识到这一点，我就明白了，无论是我的生命还是我所掌握的诀窍，让它们待在地面上可比待在土狼窝的上空更安全。我告诉了您我的想法，您立马就把我放下来了。”

“没错，但这只是运气好罢了！”首领失落地说，“你刚刚解释的一切确实能让人在提出自己观点的同时不营造对立的气氛。但是到底怎么才能让两个起初对立的观点互补呢？还有什么别的魔法词语吗？”

“这我就不知道了。”奥姆承认说，“我们可能还是缺少一种别的技能。我师父曾经告诉我，这趟旅程得明白六个道理，学会六个技能，但现在我只有五个，您也一样。”

首领露出沉思的表情：“我在琢磨着要不要再把你拴到树上去，毕竟刚刚这个做法还挺管用的……”

奥姆一下跳了起来。

“不，不，千万别！我们刚刚说好的！我遵守了约定，您可不能违约！放我离开！无论如何，我在旅程的每个阶段都只会获得一项技能。我还缺少的那一项技能不会在这里学到的，肯定是在下一关才能学会。您得让我继续学艺之旅！”

赞不怒捋着胡子回答道：“我知道你想要离开，好去完成你的学艺之旅，拯救你的子民。同时，我呢，我则很想知道最后的秘诀！”

他沉默下来，思索了一阵，突然欣喜地高呼：“我明白了，我会和你一起！这样你发现最后一个诀窍的时候我也能学会它，而你也可以继续你的旅程！”

“完美！”奥姆也很开心自己终于能够离开，还能获得一个这样的旅伴。

首领迅速准备好了旅行的必需品，向部众交代了他不在时的事宜。他还准备了两匹骆驼。奥姆担心地说：

“我之前从来没骑过骆驼！”

“我会教你的！”首领笑道。

奥姆走近蹲在地上的骆驼，轻轻抚摸它的脑袋。

“无论如何，骑骆驼跟骑马也差不了太多吧？”

“呜呜！”骆驼回答说。

“什么？”奥姆惊讶得差点跳起来，“这是我的狗！啊不，这是我的马！他会说‘呜呜’，他会说话！”

“这是一匹骆驼，”首领纠正道，“他是我的，而且他不说话，他只会叫。”

他有点儿狐疑地看着奥姆。

八

第六关

学习如何实现双赢

可怕的巨人

奥姆和首领心情愉悦地出发了。奥姆觉得他的旅程马上就要完成了，而首领则急切地想要获得完整的诀窍，以偿部落多年来的夙愿。

三天三夜之后，他们到达了沙漠的边缘。金色的沙丘逐渐被苍翠的风景替代。树木越来越浓密，他们甚至路过了河流。春天到了，万紫千红的花朵点缀着大地，鸟儿在树梢歌唱，而他们的心中充满了希望。

一天傍晚，二人来到了一座茂密森林的边缘。他们决定停在这里过夜。他们安营扎寨，奥姆捡了一些干树枝生火，赞不怒打算到森林中去摘些浆果做晚餐。

“别走太远！”奥姆对他说，他不太敢独自一人在这森林边缘待着。

一个小时过去了，首领却一直没有回来。日头西下，夜色带来了寒冷和潮湿。奥姆有种很不妙的预感。要是赞不怒遭遇了什么不测，那可怎么办？

要知道，首领虽然对荒漠了如指掌，但对于森林和其中的危险他又知道多少呢？奥姆尝试安慰自己，然而这样想着，他的担忧变得更深了。他拿了一只水壶，沿着朋友的脚步走进了森林里。

奥姆是个优秀的猎人。在森林里只需要观察地面和地上树枝断裂的痕迹，他就能追踪猎物。就这样走了一个多小时，天黑了下来，追踪首领的足迹变得越来越艰难。

突然间，奥姆在树丛的背后发现了一缕微光。他谨慎地靠近，在一处灌木丛后躺平，等待自己的眼睛适应黑暗。

接着他发现在林中的空地中央矗立着一座茅草屋。屋门高得令人惊讶：至少有五米！房子前二十多米远的地方还插着一根比门还高的杆子。

奥姆发现那杆子顶端仿佛有什么东西在动。他匍匐着前进了一米多，却被看到的景象惊呆了：首领被塞住了嘴巴绑在杆子上。

突然，大地震颤了起来，房子里爆发出号叫声。一个巨人站在门框边，他敲击着自己的胸膛，发出令人畏惧的叫喊："哞！！"

奥姆哆嗦着躲进旁边的灌木丛中，紧紧贴着地面，把自己蜷缩得尽可能小些。

大地随着巨人的脚步一颤一颤。那巨人拿着一根烧焦的柴棍儿在周围的树丛里搜寻。他朝着奥姆的方向一步步逼近。奥姆没办法在不被发现的情况下逃走，也不能冒险不动等着被那木棍扎透。

奥姆智斗大巨人

奥姆有个疯狂的想法：他一跃而起，在巨人有时间反应之前冲向了杆子，敏捷地爬到了杆子的最顶上，比赞不怒所在的位置还高。

巨人被他搞得目瞪口呆，傻愣着看他做完了这一切。回过神儿来之后，他走到杆子前看着奥姆。奥姆爬得太高了，巨人即使举着他的长棍也够不着。他用威胁的声音说：

“你和另外那个家伙一样，都是我的俘虏了！”

“才不是呢！”奥姆嚣张地回答，“我可不是您的俘虏，我是自愿爬上来的！”

巨人皱起了眉毛：“但你也跑不掉，所以你就是我的俘虏！”

“可我本来也并不想跑，”奥姆回答，“不然我能去哪儿呢？而且，我的朋友也在这儿，我为什么要抛下他？”

巨人的眉毛又紧紧皱了起来。

“这是我的地盘，你得离开这里！我命令你离开！”

“我才不呢！”奥姆回答，“这儿的风景可好了，而且我看您非常热情好客。好了，您别客气了，我还打算继续在这儿待一会儿。”

“你得离开！”巨人用手指着奥姆大喊道。

他在杆子底下转来转去，暴怒地用脚踢杆子。

“这里是我的地盘儿，一切都由我做主，我并不热情好客。我是可怕的，大家都怕我！”他一遍遍重复说。

“您命令我留在这里不就行了！”奥姆提议说。

巨人立刻停止了他的动作：

“那我命令你待在那里！”

“您看，”奥姆很淘气地说，“鉴于您照着我说的做了，那我也要照着您说的做。也就是说，当您服从我的时候，您就是发号施令的人了！”

“你别跟我绕来绕去了，我快被你搞疯了！”巨人很焦躁。

“好吧好吧，”奥姆让步了，“但您为什么不惜一切想要命令别人呢？我的朋友为什么会被拴在杆子上呢？”

“因为我想获得我想要的一切。我受不了被拒绝。听到别人说‘不’我就气得不行。无论何时何地，别人都得立刻听我的话！”

“这想法有什么问题吗？”奥姆好奇地问。

“当我生气的时候，我就会变得非常非常坏！”

“这又会给谁造成什么麻烦吗？”

巨人困惑地挠头说道：

“这会给别人造成麻烦，也会给我自己带来麻烦。对我的健康也很不利。”

“那如果一直继续这样下去，会发生什么呢？”

“什么也不会发生。我会继续住在潮湿的森林里，离所有人都很远，因为害怕别人不同意我的要求。而且我还会继续吓到别人……”

“那如果这一切改变有什么不好的吗？”

“有的，我就无法继续得到我想要的了。”

“原来如此，那确实很令人困扰……那现在您总能得到自己想要的吧？”

巨人闻言低下了头。

“我并没有什么机会向别人索取我想要的东西。我逃开人群，而大家也都想逃离我。”

“哎呀，这可不太妙！”

巨人长叹了一口气。

“要知道，我也和你一样。我也受不了别人拒绝我，就是因为这个，我才会在这里……”

“怎么会呢？”听到这话，巨人抬起头来，疑惑地挑起了眉毛。

于是奥姆向他讲述了整个故事……当他讲完之后，巨人挠着头思索了起来。

“这一切听起来都很有趣！”

“啊？”

“因为，你看，”巨人说，“我也一样，也遇到了大麻烦。”

巨人的恋情

“你遇到的麻烦是什么？”奥姆问道。

“我恋爱了。”巨人红着脸承认。

“恋爱可是非常美妙的！”

“一点儿都不美妙……”

“啊……难道你的心上人并不中意你？”

“她喜欢我！要是她不爱我也就罢了，但我敢肯定，她爱我就像我爱她一样深！”

“那问题出在哪里呢？”

“问题在于他的父亲，”巨人生气地说，“他父亲名叫盖斯。他不同意我们的婚事，因为他觉得我太高了，而且又丑又穷。”

“这么说的话，那他自己一定很矮，而且英俊又富有？”

“乱想些什么。他只是个普普通通的农民，勇敢诚实但是目光短浅，性格又固执。就跟我爸爸一样！”

“你爸爸？”

“对，他名叫老顽固，也是个农民。他们曾经是朋友，但有一次因为集市上摊位的归属问题而吵了起来。我敢肯定，就是因为这个，他才不愿意把女儿许配给我。”

而且，我是在市集上求婚的。因为我觉得，让两家人在出问题的地方和好是个好主意。

“然后呢？”

“然后他完全不觉得这是个好主意。无论是市场还是结婚。他说我配不上她女儿，他愿意把女儿嫁给随便哪一个经过的人，而不是一个强盗的儿子。他还说我实在是太高，太穷，太丑了！”

“这人真坏，他原话是这样说的吗？”奥姆很愤慨。

“差不多吧……”

“那你做了什么？”

“我被可怕的怒火控制了！我跟他说他比我还丑，还穷！然后我把摊子砸烂了……”

“哎呀，这可解决不了问题……”奥姆有点悲伤地说。

“没错。警卫们都向我冲了过来。我打晕了十几个人……”他突然停了下来，低下了头。

“然后？”

“她当时也在场，她全都看见了。我的怒火、集市的损失、打架……她一下子就面色苍白，整个身体颤抖着。”

“然后她做了什么？”

“她说我应该离开这儿，再也不要回来，永远也别回来。我简直如坠冰窟，脑袋嗡的一声。我对她说‘你爱我不是吗？’可她犹豫了一下，然后说了‘不’。但是她的声音里有那么多爱意，眼睛里有那么多泪水，我一下就明白了，她其实想说爱我。然后她重复说了好几遍，说她不爱，尽管她心里根本不是这么想的。我的心碎成了一片一片。”

“接下来发生了什么呢？”

“我离开了，流浪了好几天，没吃饭也没睡觉。然后我就到了这里。于是从那天开始，我再也受不了听到别人对我说不。这实在是太痛苦了。我仿佛看到她的眼神里充满了恳求，整个身体都倾向我，然而她的话语却违背她的心，拒绝了我。我亲手建起了这座房子，待在这里三个月了。”

“这太可怕了……”一阵沉默后，奥姆说。

“你能帮帮我吗？”巨人焦虑地问，“听你刚刚讲的故事，你现在已经成了解决分歧的专家。”

“我真的很想帮助你，不过目前我还没学完这门技艺。还差最后一个阶段，最后一个但可能也是最重要的阶段……”

“哎，那可真是不幸……”巨人悲伤地说。

“是的，咱们俩都挺倒霉的。时间飞逝，而我还不知道我的人民现在在怎样的水深火热中！”

巨人和奥姆同时发出一声长叹。

“不过，不知怎的我有种感觉，在你跟我提过的两家人的争吵中，我或许能学到些道理。那么我们说好，我去市场见见这两位父亲，看看有没有什么我能做的。运气好的话，我就能得到老倔驴的同意，你也能娶到心上人了。”

“太好了，太好了！”巨人开心地绕着杆子跳起了舞，突然，他停了下来，仿佛想起来什么，很紧张地说，“但不要待在那么高的地方了，求求你！要是你一不小心摔下来，我娶到心上人的希望可就跟你一起摔碎了！”

“好吧，只要你同意放走我的朋友。”

“当然，当然。”巨人急切地说。他放下了首领，一边解绳子，一边不停地道歉。

奥姆也爬了下来，问道：

“我该怎么认出你爸爸和你的未来岳父呢？”

“这很简单，我爸爸卖西红柿和洋葱，而我心上人的爸爸卖茄子和柿子椒。他们两个的名字都写在告示牌上，挂在摊位门口。我记得离开的时候我爸爸的摊位在一个名叫‘市场美味’的小旅馆对面。”

“这名字听起来倒是很诱人！”奥姆很期待。

“一会儿见！”他转身说着，和首领一起踏上了旅途。

奥姆学成最后一步

奥姆和首领来到了市场，他们安安稳稳坐在了小旅馆的露台上，露台正冲着村子的广场。那是一个被梧桐木环绕的小广场。他们能够清清楚楚地看到市场上的商贩和他们的摊位。

巨人给的地址很准确。他们现在离那摊位就只有几米远。

老顽固在他的摊位底下挂着写有他名字的牌子，那牌子上还写着售卖的蔬菜和价格。他正忙着把自己的蔬菜排整齐：西红柿在一边，洋葱在另一边。

很快，村子里的人们来到了市场上。摊位前排起了一条小队。他匆匆忙忙地经营着生意。

突然，一个男子走近，牵着一辆装满茄子和彩椒的马车。他喊道："快滚开！老顽固！到我摆摊的时间了！你该挪走你的货物了！从这儿闪开，我要摆我的货了！"

闻言，老顽固开始不情不愿地从摊位上拿走他的蔬菜。他每撤下一个西红柿或是洋葱，对方就会立刻换上茄子和彩椒。

在所有的蔬菜都被换下来之后，老倔驴一把扯下老顽固的牌子，贴上了自己的，上面写着：老倔驴，彩椒和茄子。

然后他坐在了刚刚老顽固坐着的位子上。

队伍里一些客人抗议道：我们排队是为了买西红柿和洋葱，你不能就这样走。

“你们去找市场的主管评理吧！”老顽固一边收拾自己的马车一边说，“让他改掉这条荒唐的规矩，要不然就一个小时之后再来，到时候就该轮到我了。”他装完了货，抱怨着走了。

“真是奇怪的规矩！”奥姆评价。

一个小时之后，老顽固又回来了。

“轮到我了。滚开！把这些都挪开！”他指着老倔驴的蔬菜说。

老倔驴把茄子和彩椒拿走，老顽固立马换上西红柿和洋葱，仿佛一秒钟都不愿意浪费。然后他把告示牌也换成了自己的。

客人们抗议：“我们是排队来买茄子和彩椒的，而不是西红柿和洋葱，你们不能这么干！”

“一个小时之后再来吧，要不然就去找市场的主人抱怨吧！”

奥姆和赞不怒疑惑地看完了这一幕。这到底是什么古怪的市场？两个商户共享一个摊位，每小时轮流更换？到底是谁定下了这么荒唐的规矩？

“这真是太可笑了！”他们身后传来一个声音。

他们转过头，看到了旅馆的老板。

“你能告诉我这到底是怎么回事儿吗？”奥姆问道。

“相信我，这规矩真的很奇怪，”旅店老板说道，“卖西红柿和洋葱的那个人名叫老顽固，另外一个卖彩椒和茄子的叫老倔驴。他们两个都是普通的农民，贫穷却勇敢，但却非常倒霉。村里的市场很小，而那些最好的位置是根据年度会议上的拍卖分配的。拍卖由市场的主人主持，他名叫伊万，在商贩中是个翻云覆雨的人物。他收受人们的贿赂，所以摊位的安排往往并不公平。而今年，这两位商贩的运气太差了：所有其他的位置都被分配好了，只剩下最后这一个位子，却有两家商铺。他们两个人都想要这个摊位。

伊万觉得这情况还挺好笑——伊万不是个什么好人。他对两个商贩说：‘你们只能共用这个位子了，一小时一个人，每个小时都要轮换。至于租金，两个人都要付全价。’两名商贩当然抗议起来：要摆上他们的货物至少需要一刻钟，而撤下来也需要一刻钟。如果这样轮流，他们每个人就只有半个小时了！他们花了一个位子的价钱，却只能买下 1/4 个位子！这样绝对是会亏本的！然而市场的主人却说‘我才不想知道这些，你们只能照我说的做！’

时不时地，伊万和其他几个跟他一样坏的商人会来围观这种更换摊位的场景。他们看着两位商贩急匆匆摆放货品、互相责骂的样子和客人们不满的样子，以此为乐。他们很高兴地看着两个人争吵。‘这是你的东西，该轮到我了’。就像看两个小孩儿为了一个跷跷板吵架。”

“他们为什么不共享摊位呢？”奥姆问道，“您看，这些位子明明放得下，两排彩椒两排茄子两排西红柿和两排洋葱。他们为什么想不到这一点呢？每人一半不就好了。像这样大家都能满意。尽管位子并不大，但总比每个小时都换来换去的要好，不是吗？”

“哈哈，这让我想起了你并列的艺术！”首领笑道。

“我不太明白你在说什么。”奥姆回答。

“你知道的！你跟我说过，在分歧中我们总是倾向于把双方的观点对立起来。他们其中一个人先说‘滚开，收拾起你的货物，让我把我的货物摆放上去’！而到了下一轮，就轮到对方说‘快走开，收起你的货物，让我把我的摆上去’。而你则建议大家把洋葱、西红柿、彩椒和茄子并排放，而不是让它们对立起来，不是吗？”

“这方法可能对其他人都管用，”旅馆主人说道，“但是他们两个关系太差了，根本没法肩并肩工作。而且摊位门口的地方太小了，只够人们排成一队。他们得等对方服务完顾客才能去照顾自己的。除了他们不需要每次都装货卸货，结果还是一样的……你说得也对，这到底还是稍微好一点。其实，我猜他们两个都认为对方会先让步。结果他们就这样僵持到了现在，谁也不愿意退让。”

“这倒是真的，”奥姆想了想说，“这看上去正是我们想要搞清楚的问题。将双方的观点并列无疑是比诉诸武力或直接放弃更好的选择，但我们也发现为了达成协议，仅仅并列是不够的。”

“没错……”首领赞同。

“但我总有种感觉，我们能从这两个商贩的故事中学到些东西……”奥姆满怀热情。

“怎么学呢？”首领也激动了起来。

“这我倒还不知道呢。我们得建议两个商人把他们的货物并排放在一起，看看这样会不会带来点儿启发。”

“他们不可能会同意尝试的！”旅馆主人说。

一会儿之后，三人又一次看到了商贩的调换。前一个收走自己的货物，另外一个立马换上。当他们收拾到一半的时候，奥姆突然站起来，从露台上大喊道：

“都给我停下！”

两名商贩很惊讶地转过头。

“我买下整个摊位了！”

“什么？”两人愕然。

“没错，整个摊位！”奥姆拿出两枚银币。

两人简直不敢相信自己的眼睛。这至少是他们货物三倍的价钱。他们连忙走过来，把手伸向了奥姆递给他们的那银币。

就在最后一刻，奥姆合上了手掌说：

“我有两个条件！”

“什么条件？”两人立马问道。

“你们得把货物留在摊子上等一个小时，再继续去卖剩下的货物之前，你们就等在这里。”

两人迅速对视了一眼。这可能是他们首次利益共通。

“成交！”二人异口同声地说道。

“完美！”奥姆说着把银币递给了他们，“现在你们过来和我们坐在一起，我们一起思考一下！”

“思考什么？”老顽固不信任地问。

“想想你们现在的处境。”奥姆回答。

“我看不出这有什么可思考的。”老倔驴回答说。

“我们再稍微等一等。看看我们中会不会有人有什么想法。”

“没错，”首领补充道，“看看有没有什么办法让双方都得到满足。”

他们沉默了一会儿。接着，老倔驴说话了。

“我还是希望整个摊位都能属于我。本来我就没法放下所有的货物，而现在如果只剩半个摊位……”

“我也一样，”老顽固苦涩地说，“分享摊位是个坏主意。照我看还是轮流比较好，最好是一周换一次。”

他们又凝视了一会儿摊位。彩椒、茄子、西红柿和洋葱整整齐齐排放在一起，五颜六色和谐无比。

“我好像有办法了！”老倔驴说，“看着我们的蔬菜并排放在一起，我在想，或许……没错！我们的蔬菜刚好可以做一个乱炖！”

“你在说些什么？”老顽固说，“可别想哄骗我！”

“我没那么想！”老倔驴很热情地说，“比起卖彩椒、西红柿、洋葱和茄子，我们可以卖制作乱炖需要的蔬菜！你看！”他拿起一个布告牌，在上面写上‘乱炖’两个大字，然后把它挂在了摊位上。

很快，顾客们来到了摊位前，他们看着新的告示牌，挠着脑袋，窃窃私语了起来。然后，他们仿佛打定主意要购买了，周围其他人也渐渐围了过来。两位商贩急忙跑去照顾顾客。奥姆冲他们喊：“可别忘了，摊子上的蔬菜是我的！”

卖炖菜的摊位生意空前火爆。还不到中午，所有的库存就都卖光了。两位商贩快快活活地一起清理完了摊位，一起朝这边走来，仿佛他们是世界上最好的朋友。

他们将两枚银币递回给奥姆。

“给你，这是给你的，我们想要重新买回那些货物。”老顽固说。

“我们无比感激您！”老倔驴补充。

“我们真不知道该如何表达感激之情，您给我们出的主意真是太好了！”老顽固说。

“我知道了！我想邀请大家到我们家吃午饭。我妻子做的炖菜可是全国第一！”

“真不是我想吹牛，我妻子做的可更好吃，我邀请您到我家来。”老顽固说。

“不！到我家！”

“到我家！”老顽固坚持。

他们对视了一下……

“我们不会又打算开始吵架吧？”

“其实呢，我们两个的妻子做的炖菜都是超棒的！”老倔驴说。

“那你们能从这次‘握手言和’中学到什么经验吗？”奥姆问。

“唔……”两人皱起眉头，思索起来。

“啊！比起只卖蔬菜，我们不如直接卖烹饪好的美味炖菜，毕竟我们的妻子可都是这方面的专家。我们或许可以干脆齐心协力，把她们的天赋利用起来？”老顽固提议。

“完美！那我们去告诉他们这个好消息，然后一起准备明天的集市吧！”

“那说好的午饭怎么办呢？”奥姆故意问道。

“明天！明天！约好了！”两位伙伴齐声回答。

“哈哈，”奥姆说，“我觉得我们巨人朋友的婚事也是水到渠成了！”

赞不怒达成夙愿

首领什么也没说。他紧皱着眉头，看起来已经完全沉浸在了思索当中。

“我总觉得忽略了什么，”最终他说，“多亏了你，我已经明白了如何在不放弃自己立场、也不让谈判陷入僵局的情况下理解对方。你把这个叫作‘不卑不亢’。为了做到这一点。你用‘和’代替了‘但是’，可仅仅将双方的观点并列还是不够的。”

“没错，”奥姆说，“仅仅把彩椒和茄子放在洋葱和西红柿的旁边，还是不够的。”

“那么，还有什么呢？还需要做什么呢？”首领迫不及待地问。

“就是我们刚刚所做的呀。”奥姆回答。

“但我们刚刚有多做什么吗？”赞不怒更着急了。

“什么也没有！”奥姆微笑着回答。

“你在逗我玩儿吗？”赞不怒沉下了脸。

“当然不是。我们花了好长时间在那儿看洋葱、西红柿、茄子和彩椒肩并肩放在一起的样子。我们花时间让两种看起来冲突的利益并排摆在一起。不让其中一方的利益损害另外一方的。

“过了一会儿之后，解决的方法就诞生了。假如我们一直任由西红柿和洋葱换掉茄子和彩椒。卖乱炖的主意就不可能出现。正是这种并列让我们从对立中解脱出来。”

“我明白了！”首领激动地说，“并列的艺术有两种好处。首先，他可以确认双方的需求，而不导致冲突。其次，他创造了必要的条件，使得一个使双方都可以满意的解决方法有机会出现。”

“正是如此，一个共赢的解决方法！”奥姆说。

“是啊，双赢的解决方法实在是太奇妙了！和它比起来，双方各让一步共享摊位的解决方法就显得太拙劣了些，甚至有点失败！”

“没错，虽然有些时候妥协可能是唯一的解决方式。毕竟，能为彼此考虑各退一步，还是比任由冲突发生引发一系列严重的后果好太多了。如果只看结果，妥协兴许并不是那么让人满意，但它对于维持关系也是有好处的。多一个朋友总好过多一个敌人！多个朋友多条路，多个敌人多堵墙。”想到与红王国的战争引发的一系列灾难，奥姆悲伤地补充。

“没错，你说的很对。我迫不及待想要去实践了。你有没有什么例子可以让我拿来实践呢？”

“没有，我已经把我知道的都告诉你了，现在轮到你自己想办法了！”奥姆坚定地回答。

首领不易察觉地抬起了眉毛。在他看来，奥姆此时的拒绝显得有些古怪。

奥姆和赞不怒小试牛刀

“好吧，那你能不能告诉我为什么你不愿意再示范一次呢？”他问。

“因为我在为我的人民而担忧。我很开心能和你一起发现最后两个诀窍，但是现在我只想尽快上路。”

“我理解了，拯救你的人民迫在眉睫！”

“正是如此！”奥姆有些苦恼地说。

“至于我，”首领继续说，“我得确认自己有能力做到你教我的……你急于回去拯救你的人民，同时呢我也想要确认，你的诀窍是不是真的管用……”

两人都沉默了。

“那么，如果我骑着骆驼，一直陪你走到你国家的边缘呢？这样你不仅能尽快回国，还能为我再示范一次，你觉得怎么样？”

“好主意！”奥姆一边说一边站了起来。

“啊！这方法确实很有效！”首领说，“我们刚刚又一次证明了。太好了，太好了！不需要你再示范，我就已经确信了。”

他们一起开心地笑了起来。

“明天，在我们的朋友家吃完午饭，解决了巨人朋友的婚事，我就出发。”奥姆说。

首领打断了他：

“听我说，别再浪费时间了。我会去他们那里吃午饭，解决巨人的问题，安排他的婚事。你知道，你那边情势紧急，刻不容缓，赶紧上路吧！”

奥姆感动地看着他：

“你是我真正的朋友！”

“我想到差点儿把你喂给了土狼，后背就一阵发冷……”赞不怒说。

“哈哈！那骆驼呢，你要是不和我回去……我能继续骑着它赶路吗？”

首领诧异地看着他说：

“你觉得呢！在你为我们做了这么多之后，我怎么可能再拒绝你的要求！”

他们深深拥抱彼此。

“我迫不及待想使用学到的技艺拯救我的人民了。希望我能够获得红国王的赞同，取到水源。毕竟我还是个新手呢。”

“我会思念你的！”首领用泪眼凝视着奥姆，但他脸上同时绽放出的灿烂笑容也给了奥姆前进的力量。

九

最终的谈判

驶向红王国

奥姆立刻上路了，他迫不及待地想要完成这趟旅行，于是加足马力，全速前进。很快，村庄就消失在了视线当中。他一路向西而去。

三天三夜之后，他抵达了一段河岸。河中水流湍急，旋涡四起，河水深不见底。奥姆一时不知该怎样到达河对岸。

他的国家离这里不远。他看到河对岸那座山梁，正是蓝王国北部的疆域。从这里走上一天，就能到他家了——但前提是要先跨过这条河。可是该怎么过去呢？此地荒无人烟，他又只身一人。要是智者在这里就好了！

突然，他抬起头来："对啊，智者！这是我唯一的机会了。"他从口袋里拿出火柴盒，但这时候突然刮起了一阵微风。奥姆转过身去，战战兢兢地划着最后一根火柴。火焰着了起来。

他焦急地等待着，心里怦怦直跳。过了很久，奥姆开始担心起来。旋涡在身后咆哮，正如他的思绪乱作一团。

"难道智者还没有从喷泉的巫术中脱身吗？"他突然想起来。

想到这些，他如同遭到了致命一击，一下瘫倒在了沙漠上。

“你可不应该浪费时间在自怨自艾上！”身后传来一个声音。

奥姆突然转过身来，发现是智者！他站在一艘宝蓝色的小木船上。他收起了航行用的船帆，扔给了奥姆一条缆绳。

“站起来，”他对奥姆喊道，“搭把手好吗？”

奥姆惊愕地呆住了，感到既震惊又开心。

奥姆捡起了缆绳，将它系到了身旁的一棵灌木上。等到智者踏上了岸，奥姆赶快冲上前去，紧紧把他抱在了怀里。老人一开始任由他拉拉扯扯，过了一会儿温柔地挣脱了他。

“好啦，好啦，别孩子气了！等你成功解救了你的百姓，那时候才真的值得庆祝。你的学艺已经完成，现在你应该去面见红国王，向他提出你的请求。你将面临一场艰苦卓绝的谈判。当初你们之间由此爆发了一场战争，两国人民水火不容。你需要费很大的力气才能让红国王和他的子民心平气和地和你谈判。”

“别浪费时间了。踏上这艘船，顺水就能漂到你要去的地方。目的地就在西边不远处，你还磨蹭什么！”

奥姆再次冲向他，紧紧抱住了他。想到自己已经学成出师，他心中满怀感激与欣喜，但是想到马上又要离开恩师，心中满是悲伤。

奥姆感到自己怀里的人已经慢慢消失，但他已经不以为奇。他拥抱着空气，智者的出现如同一场梦。他听到河对岸大声对他喊道：“向西走！你还等什么？快走吧！”

抵达红王国

奥姆跳上船，解开缆绳，离开了河岸，任由河水带着他悠然自在地漂流。很快，智者的身影就消失在了视线当中。汹涌咆哮的波涛裹挟着小船向前驶去。

奥姆扬起额头，感受着凉风吹拂着头发，他深吸了一口气，鼓起了胸膛，然后一口气呼出，心中顿时感到一阵舒畅。在河上的急速飞驰使他沉醉，归心似箭的他，整个人像打了鸡血一样兴奋。

天色逐渐昏暗下来，奥姆一边享受着畅快的呼吸，一边努力地分辨欢快的河流正在将他带往何处。

突然，他的血液仿佛凝固住了，脸上的笑容顿时烟消云散。他看到此前见到的山梁出现在自己眼前，山梁的巨石之间有一条狭窄的通道，湍急的河水径直向山体流去。两座山之间的缝隙仅仅够一条小船通过，如果他继续笔直地站在那里，必定会把头卡住。他急忙钻进了船舱中，焦急地等待着。他的小船在黑暗中全速前进。他不知道这趟“不由自主”的航行究竟还要持续多久，内心充满了恐惧。

突然，几束光线洒满了船上。

奥姆朝他周围看了看，发现眼前已经豁然开朗。他已经穿越了山梁，来到了另一头。河水散布在一片辽阔的平原之上，这景象让他备感亲切。他内心的喜悦溢于言表——这不就是蓝王国以前赖以生存的那条母亲河吗？他马上就要回到家乡了。当他远远地望见左手边耸立着的城堡堡垒时，心中生出一种“近乡情更怯”的感情。

然而，这种喜悦很快便消失了。他意识到自己已经踏上了敌国的领土。奥姆原本已经非常不安，突然，他的小船剧烈地摇晃起来，似乎是上天有意再吓唬他一下。他被震得向前摔了一跤，几乎没有时间去看到底发生了什么。原来，他的小船被一张渔网拦住了去路。他的头猛烈地撞在了船体上，一下昏了过去。

锒铛入狱

奥姆醒来的时候，已经身处在一间阴冷潮湿的小房间当中，除了一扇生锈的铁窗，再无其他出口。他一跃而起，试图打开铁窗，却发现铁窗已经上了锁。他拼命地想将其撬开，但是无济于事。他这才意识到，自己被关进了监狱。估计自己是落入了渔民之手，然后被送到了这里。会不会已经有人认出了他呢？若果真如此，他现在不会毫发无损，因为战争让两国人民之间结下了血海深仇，对方不会饶过自己。

他努力让自己放安心。他的鞋子一直穿在脚上，所以脚掌的颜色应该没有暴露他的身份。另外，他刚刚继位不久，风声应当还没有传到这个国家，所以这里的人民应当还不认识这位新国王。或许他这次入狱，只是因为他撞破了渔民的渔网，或者是因为他以一个外国人的身份非法进入了该国领土。

为了搞清楚状况，他开始叫了起来。但是没有人理他。他的叫喊声似乎被幽深曲折的走廊吞噬了一般。他转身走到牢房里头，在一块又圆又粗糙的大石头上坐了下来。他大声地自言自语道："很明显，我的处境不是很有利，我成了红王国监狱里的犯人，未来的命运成了未知数。我曾经千方百计地想要来到这里，而如今又想方设法想要逃离此地。不过回头想想，即使我当初是从蓝王国出发来到此地，情况估计也不会更妙。因为如果我当初只身一人穿越原来的河道，那么边境的守卫大概不会容我多做解释，便将我痛打一顿；如果我带着护卫队一同前往，那么他们一定会以为我们是想发动新一轮入侵，这会立刻激起对方的敌意，甚至会引发新一轮战争。红王国是个弹丸之地，我很有可能会被直接带到红国王面前接受审讯，当然，对方到了我的国家也是同样的遭遇。不管怎么说吧，我是命中注定要来到这里的。”

内心稍微平静一些之后，他站起身来，手背在身后，低着头沿着牢房的四周兜着圈子。他自言自语道：“我得准备迎接与红国王的正面交锋了。”

突然，外边传来一阵有节奏的脚步声。他停下脚步，竖起耳朵，听出来是有几个人正在向他靠近。

奥姆往铁窗前走了两步，他看到有四个带着头盔的士兵，他们每人手拿一把宝剑和一杆长枪，正神色坚定地朝他走来。在他们四人中间走着的是一个身材臃肿的矮个子男人，那人身上穿着肥肥大大的深色长袍，头上戴着一顶瘪瘪塌塌的帽子，帽檐上镶嵌着几颗银色的勋章。他的身形又矮又胖，必须一路小跑，才能刚刚跟上他们的脚步。他的腰上还挂着一串大把的钥匙，钥匙随着他的脚步“叮叮咚咚”地发出声响。

等他们走到了牢房门口，前边的两名士兵站定后把身子一侧，腾出地方给那个矮个子男人。他看也没看奥姆一眼，只管拿起那串钥匙，挑出了其中的一把，插到了锁头里。锁头“嘎嘎吱吱”地响了两声，终于被打开了。

奥姆退了两步。

矮个子男人往牢房里走了两步。

“我是根雕先生，我是王国安全法院的首席大法官。我们发现您未经允许擅自通过水路闯入我们王国边境地区。遵国王陛下指令，我们法院现在要将您带上公堂受审！”

奥姆心里喜忧参半：一边因为身份没有暴露而松一口气，一边又担心等一下被审理他的法官问起。

根雕先生向两名士兵做了个手势，他们便上前架住了奥姆的肩膀。两个士兵身材魁梧，奥姆的两只脚已经够不着地面了。在他们手里，奥姆轻的好像一根稻草一样。他们转了一个一百八十度的圈，然后跟在另两名士兵身后，起步向前走去。矮胖子随着他们，又开始一蹦一跳地跟着往前走，但还是跟不上他们的节奏。

奥姆被押解着走过了一条长长的走廊，又被抬上了一段很长很长的石阶。士兵的手腕把奥姆的肩膀硌得生疼，他堂堂一国之君，现在却像一个普通的纸箱子一样被人搬来搬去，他自己都觉得可笑。

奥姆受审

他们来到了一扇高大的深色木头门前，其中一个侍卫上前敲了三下门，然后他们便静悄悄地在门口等候。

这时候，门开了，奥姆从门缝里看到门内是一个巨大的厅堂，大堂四周环绕着石柱。大堂的屋顶高得吓人，天花板上用雄伟的阿拉伯纹饰做装饰。

侍卫走了进去。奥姆隐约听见里边传来谴责声。这大概是一个法庭，一伙人站在法庭里，占据了将近半个屋子的空间。一条红色的警戒带将房间分成两部分，在警戒带后边的听证席上，大概汇集了两百多人。他们带着仇恨的眼光盯着奥姆。

在这群人对面大概二十米的地方，有一个高台，上边摆放着一把用红木精心雕刻而成的宝座。一位身材壮硕的男人坐在上边。他头上戴着一顶金色王冠，王冠下面露出了一绺棕红色的长发。他的年龄大概与奥姆相仿。“是国王！”奥姆立刻想到了。

侍卫将奥姆带到了大厅中央。他们将奥姆带到了国王面前，然后一下子松开了他的肩膀。他的双脚狠狠地落在了地面铺着的石头地板上。

他一下子找不到平衡，打了个踉跄跌到了地板上。众人看到他笨拙的举动，不怀好意地哄堂大笑起来。

“给国王跪下！”身后有人对他喊道。奥姆感觉身后一个有力的铁拳抓着他的项背，将他往地面上按。

奥姆不仅没有反抗，反而顺势而行，还没等那人在他背上用力，奥姆就快他一步先跪了下来。结果身后那人由于失去了重心，一下子扑倒在了奥姆面前。那人正是矮个子判官。他摔了个大马趴，他不仅吓了一跳，疼得嘴里也哼哼唧唧。

“哦，抱歉！”奥姆说道，语气里尽力显得真诚。这句话说得可不容易呢，因为他内心其实已经乐开了花。“这不就是‘借力打力’吗？”奥姆突然醒悟道，“我刚刚竟然不经意地使用了‘借力打力’这一招。简直不可思议！”

矮个子男人重新站起身来，火冒三丈。他举起手来想要扇奥姆一记耳光，正在这时，从王位上传出一个声音，喊道：“住手！别丢人现眼了！我可看不惯你这种做派。”

根雕先生立刻收手，低下头来，愤恨地瞪了奥姆几眼。过了片刻，国王说道：“审判完毕。回到你的位子上去，宣读判决书！”

矮个子男人尽快向后退去，身子依旧正对着国王，以免对国王不敬，但是他一不小心摔了个跟头。他立刻灵活地站起身来，走上了一段不算太长的台阶，一下凌驾于奥姆几米之上。那人看起来对自己高人一等的位子非常满意。他将胳膊下夹着的一卷羊皮纸展开，高声读道：“我，根雕先生，王国安全法庭首席大法官，发现您未经允许便通过水路潜入本国领土。此外，您的渔船还撞坏了我国渔民的渔网。您犯下了‘危害王国安全罪’和‘故意损坏公共财产罪’两项罪名。”说到这里，他脸上露出了一丝嘲讽的笑容，接着说道：“按罪应当处以极刑：或是当众斩首；或者法外开恩，在监狱内处以绞刑。但我个人并不赞成第二种做法。”

台下的人群开始议论纷纷。突然，根雕先生的眼睛里露出了一丝狡黠的目光。他接着说道：“我刚刚想起来！您还试图往河水中投毒！”他转身对国王说道：“宁可信其有，不可信其无啊，陛下！”

说完，他又转身对人群说道：“好了，您还犯下了‘种族屠杀罪’！”

人群开始大叫起来：“处死他！处死他！”根雕先生明显对自己这句话的效果感到很满意，他走下台来，坐到了国王身边的一张小板凳上。

奥姆站在离他们不远的地方。他心里盘算着自己究竟该如何逃脱既定的命运。

等人群安静下来之后，国王对奥姆说：“这位外国人，你有什么要为自己辩护的吗？你对事实有疑义吗？”

奥姆从容地思索着。他察觉到自己接下来说的话决定了自己的生死。他首先想到的是应该否认对自己的指控。但是心里却有一个声音对自己说‘这不是一个好方法’，因为这样好像是要公然与对方对抗。他又思考了一会儿。

“陛下，”他最终说道，“我确实用自己的渔船撞破了贵国渔民的渔网。”

“他承认了，他承认了！”根雕先生拍手欢呼起来。

而国王却扬起了眉毛，似乎对他的回答感到震惊，他说：“那么关于投毒呢？”

“是啊，投毒呢？”根雕兴奋地催促道，“嗯？投毒是怎么回事？”

“根雕！”国王怒吼道，“我看是你在毒害我们吧！让我问下去，否则你会后悔的！”

根雕如同吃下了一颗冰疙瘩，在小板凳上安静地坐了下来。国王转身问奥姆：“说吧。”

“国王陛下，”奥姆回答，“首先，我对于撞破了渔网这件事，表示很内疚。我不是有心的，但我应当承担全部责任。我愿意弥补自己犯下的过错，我愿以三倍的价格赔偿渔网的损失。”

台下人群并不相信，议论纷纷。

“那投毒是怎么回事？”国王有些不快地重复道，别人不正面回答他的问题让他感到很不习惯。

奥姆没有乱了分寸，继续说：“陛下，关于投毒一事，我手上有一个铁证，待会儿会交给您，它一定能够证明我的清白。如果国王陛下允许，我想先讲述一下我是如何来到贵国的，因为这个证据与此相关。”

“这是怎么一回事？”国王皱起了眉头。

“对啊，这是怎么回事？”根雕先生不怀好意地谄媚附和道。国王这句话明明是在自言自语。

“陛下，”奥姆回答，“我此行的目的确实是为了踏上贵国领土，而且并未获得准许。”

“他承认了，他承认了！”根雕先生红着脸叫道，“必须是死刑了！而且还要用刑！”

“处死他！处死他！”人群喊道。

“安静！”国王又吼了一声。

所有人立刻都安静了下来。

“继续说。”国王命令道。

“陛下，我经历了千难万险、九死一生才来到了这里。”

“来此所为何事？”国王有些怀疑。

“为了见到您。”

“你冒死来见我？”

“是的，陛下，因为我有极其重要的事情要告诉您，并有事相求。与这些事相比，我的性命根本不值一文。”

国王抬起眉头，既感到惊讶又感到敬佩。

“说下去！”他简单地回答说。

“我原本想方设法地想要与您见上一面，然后与您举行最高礼遇的会晤。但没想到我遇到了意外，结果我却以一种意想不到的方式来到了这里，比我预想得更早也更突然。”

“礼遇？你在胡说些什么？”国王有些恼怒。

“是的，国王陛下。因为我本人也是一名国王，急需征求到您的意见。”

“国王？意见？”国王惊叹道，“你是哪个王国的国王？”

“是一个弹丸小国，陛下。他在贵国的东边。”

还没容国王细问，他就继续说道 ：“我国百姓正处于危机之中。由于一场与邻国的战争，我们国家已经兵荒马乱，民不聊生。战争，真是一件恐怖的事啊，陛下……它的爆发原本只缘于一场误会，只是由于两国之间没有达成一致意见 ；但不知道为什么，也不知道经历了什么，事态就开始恶化 ；最终，它以惊人的速度使两国山河破碎、血流成河。我每天都看到人民生活在水深火热之中。我失去了我的母亲，而那时候我只不过十几岁，父亲当时是国君，他一直未能从那段阴影中走出。在战争结束之后的几个月里，他像个幽灵一样在城堡里游荡，嘴里重复着‘事情怎么会发展成这个样子呢？怎么会呢？’这个问题一直困扰着他。最后，他在悲伤和悔恨中闭上了双眼。”

“你说的这些我都懂，”国王打断他说，眼睛里充满巨大的悲伤，“我们国家同样遭遇了战争，深受其害。我也失去了我的父亲。”

听证席上也开始讨论起了这段悲伤的往事，就连根雕先生也有所触动。奥姆沉默良久之后，继续说道：“在父亲仙逝的床榻前，他让我保证找到一种能够避免重蹈覆辙的解决问题的方法。那时候，我根本不知道到哪里去找这样的方法，但是我答应了下来。我怎么能拒绝父亲临死之前的请求呢？但幸运的是，我遇到了一个深谙此法的大师。他答应教我学艺。为此，我要经历一段漫长而艰险的旅途，在这过程中，我幸运地成功克服了一路上遇到的一系列挑战。在每一次的考验中，我都会收获一份‘礼物’，即解决争端和避免冲突的方法和艺术。”

整个屋子的人，包括国王、卫兵、法官，全部都在聆听奥姆讲话，大厅里一片死寂。只有根雕先生一人，在他的小板凳上一阵安静，一阵不安。

“你是想说你现在已经掌握这种方法了？”国王问道，语气中透露出巨大的好奇和希望。

“是的，”奥姆回答，“当然，我只能算半个行家。不过我觉得我懂得的这些东西已经足够与需要的人分享了。”

“快给他松绑！”国王下令说，“给他找一把符合他身份的座椅！”

不由分说，几名卫兵就搬来了一把舒适的扶手椅，椅子的高度几乎与国王的一致，精美程度与其不相上下。另一名士兵走到奥姆身边，准备帮他取下镣铐。

但是奥姆制止了他，他依旧保持着站立的姿势，对国王说：“陛下，我请求您让我继续以一个被告的身份站在这里，因为我的故事还没有讲完。等到我讲完了，我相信您只会有一个念头：最好的一种设想，是您会继续审判我；最糟糕的结局，就是您会将我当场问斩。这些我都能够欣然接受。”

房间里的人们一下炸开了锅。国王感到有些迷惑。这个宁愿被五花大绑却不愿让人给他松绑，前脚被判无罪、后脚却主动申请接受审判的家伙究竟是谁？真是让人大惑不解！等到大厅里重新安静下来之后，国王下令道：“你把话讲清楚！”

“陛下，我会将故事一五一十地道来。但在此之前，我想先向您提出一个请求。”

“你想干什么？”国王不耐烦地问道。

“我想让您做出承诺，不管待会儿发生什么，您都要让我把话讲完。因为我有些细节要跟您讲述，还有一条意见望您采纳。过后，我任凭您处置。”

“我发誓！”国王回答。

奥姆鼓起全身的勇气，说道：“我叫奥姆，我是蓝国王的儿子，我继承了他的王位。”

他一口气把这些话讲了出来，等着接受由这番话引起的狂风暴雨的洗礼。

学以致用

国王瞪圆了的眼睛几乎占据了半张脸的大小。然后他一跃而起，拔出宝剑，大喊道："什么？你是蓝国王的儿子？你就是那个十恶不赦的魔头的儿子？"

大厅的人群大叫着"处死他！处死他！"还有一些人愤怒得有些过了火，试图翻越审判庭中间的护栏。卫兵拼命地阻止他们。

"安静！"国王又喊道。

他走近奥姆。

"你胆敢来到这里侮辱逝者？"

他的眼睛里充斥着仇恨。他的这些话像一把把毒箭一样射在了奥姆的心里。这让他想起了自己那些死去的百姓，但同时也想起了苦行者的教导。他本想大喊："你也是凶手，凶手的儿子！嗜血狂魔！一切都是你的错！你当初就应该让我们过河取水！"

但是凭借着惊人的意志力，他把这些话咽了回去，一言未发。对方接着大喊："都怪你的父亲和你国人民，我们曾经那个富饶的国家如今破烂不堪！"

奥姆心想："这也是你父亲的错，蠢货！"但是奥姆又一次忍住了。对方慢慢向他靠近。对方已经到了怒不可遏的程度，唾沫四溅。这场景十分吓人。奥姆将自己的注意力从国王身上转移到了自己的呼吸上。

他努力调整着自己的呼吸，意识到自己身上已经出现了"恐惧"和"愤怒"两种情绪。他对自己说道："你们好，我的恐惧和我的愤怒，我和你们很熟……我看到你们了，你们是想跑到我的意识中暖暖身子吗？欢迎欢迎！"

这段内心独白在短短几秒钟之内就产生了效果。国王接着向他靠近："凶手！凶手的儿子！投毒者！"

奥姆感到十分煎熬。他抑制着体内燃烧着的怒火。从外表上看，他依旧保持着平静，但是内心里却像一座暴发的火山。他感觉对方再多说一句，他就要炸裂了。就在这时，他脑子里有一个小小的声音对他说："好好回忆回忆，你现在是不是被'错觉'俘虏了。你以为他是想通过咒骂来折磨你吗？其实是他自己内心痛不欲生。他有多痛苦，就有多愤怒！"突然之间，奥姆似乎看出了端倪。眨眼间，国王好像变了一张面孔，突然成了一个深受苦痛折磨的男人。他的样子让奥姆想起了自己的父亲——当他深爱的妻子去世时，他就是这般模样。

奥姆的恐惧和愤怒顿时烟消云散。此刻，奥姆的情绪发生了翻天覆地的变化，产生了理解和怜悯的情绪。他站在国王的角度想了想，发现他的一言一行都与父亲如出一辙。他的双眼注视着国王，心里将他与自己的父王联系起来。国王在接下来的两分钟里不停地咒骂着他。

但是面对奥姆的反应，或者说面对奥姆的不理不睬，他的语速慢了下来，愤怒略微有些平复。

他的嘴里没有停下，不过此刻说的话更多的是在谈论百姓的苦难遭遇，而非针对蓝王国百姓所犯下的罪行。

过了片刻，国王已经想不到还有什么词可以用来骂人了，最后说道："我们现在终于可以报仇了。相信我，当初我们所遭受到的痛苦，你今天都能尝到。"

"我明白，"奥姆发自肺腑地说道，"我知道您忍了很久，如果换作是我，我也会一报血海深仇。"

他的言语里没有透露出一丝的挑衅或者戏谑，只是陈述了一件客观事实。国王心里的怒火似乎又被稍稍打消了几分，他几乎不带丝毫怒气地补充道："我没征求你的意见，我也不需要你的理解。"

奥姆轻轻地点了点头。房间里的气氛让人窒息，大家一言不发，只有根雕先生一人期待地搓着手，仿佛确信不久后会见证敌人被就地正法的残酷场面。他似乎把这件事当成自己的私事一样看重。

"敬爱的陛下，"奥姆接着说，"这场祸害两国的战争荒诞至极，罪孽深重，已经没法用言辞来描述它了。为了向在这场战争中失去生命的男同胞和女同胞们表达敬意，我想在继续讲故事之前，默哀几分钟以表哀思。您刚刚发过誓了，不是吗？”

国王嘴里不知嘟囔了几句什么，随后他侧目斜视，对他说道：“虽然我忍不住想当场结束你的性命，不过我还是得信守诺言。那就随你的便，继续吧。反正无论如何，你已经命中注定要丧命于此，逃不过了。”

“是这样。”奥姆说，“我待会儿要讲的东西，事关我们的孩子们，以及我们的子子孙孙。总之，关乎我们两国未来的命运。我们都亲身经历过两国之间的战争所带来的苦果，如果说对于过去发生的事情我们已无力改变，那么我们或许可以避免类似的灾难再次上演。”

“我想要把我一路上所学的知识都教给您。如此一来，您便能够解决未来我们两国之间，或者您与他国之间有可能发生的争端，这种珍贵的技能才不会因为我的逝去而失传，而您也可以将这种技能传授给别人，以便尽您所能创造出一个更美好的世界。”

听众席上传来一阵震惊的声音。

“你可真是个怪人。”国王摸着下巴说道，“你只身一人、手无寸铁地来见你的敌人；你本来有可能被释放，结果却拒绝了；你告诉我们你的身份，承认你的过失，承认你的子民所犯下的罪孽；而且你不仅面对即将到来的处决不卑不亢，反而还想送给我们一件珍贵的礼物。我不得不说，虽然你的态度和作风十分让人费解，却也值得敬佩。看在你有个高贵的灵魂的份儿上，我们就赏你一次死刑好了，不再施加其他刑罚。”

根雕先生原本摩擦着的双手立刻停了下来，模样有些狼狈。

“可是，陛下……”他抗议道。

“安静！”国王喊道，“要不换你去受刑好了！”

根雕先生在板凳上缩成了一团。

“另外，”国王说，“我必须得说，我非常想给子孙留下一个和平、尊重别国，同时也受到别国尊敬的王国。我对你要教给我的技能很感兴趣。我曾经冥思苦想几个小时，不知道该如何做到这一点。我深夜里也曾经被这个问题困扰和折磨。那我们说定了！教给我们吧！”

他转身回到了自己的宝座上，惬意地坐了下来。

“说吧！”他命令道。

“陛下，”奥姆说，“一个好的例子胜过千万个理论。我们就用我们父辈之间的分歧作比方吧，试着用我学到的方法来解决这个问题。”

“那我呢？我需要做什么？”国王好奇地问道。

“你只管做您认为正确、可行、对您的百姓有利的事就好了。”

“啊？”国王说，“我不用像你一样运用什么特殊的方法吗？”

“不用，陛下。这正是这种方法的奇妙之处。只需要我们其中一人会用就好了。”

“漂亮！”国王回答，“我们开始吧！”

授艺红国王

“好的。”奥姆说，“让我们穿越到过去，您是您的父亲，我是我的父亲……您还记得河流改变流向不久之后，他们之间的对话吗？”

“记得很清楚。”国王回答，“虽然当时我年纪很小，但当时皇家议会里的商讨过程我都在一旁听见了。”

“那就好，我们可以开始了。河水改变了流向，从此再也不会灌溉蓝王国的土地。我找到您，请求您：‘亲爱的红国王，能否请您发发慈悲，允许我们穿过贵国的土地，前去取些河水？’您会怎么说？”

“我不同意。我会很有礼貌的拒绝。”

“好。”奥姆表示同意。过了一会儿，他说，“那么我能问问您为什么要拒绝我的请求吗？”

“当然！”国王说，“您看到了，河水的宽度变成了原来的一半，结果导致不是所有人都能获得充足的水源。我不会为了满足你们国家百姓的需求，而让我国百姓无水可饮。”

房间里的听众高声附和着。

“哼！”低处传来根雕先生的声音，“看你还有什么好说的！”

“我能理解，”奥姆说，“事实上，您担心的是没有足够的水源来灌溉您的土地、养活您的子民。我说得没错吧？”

“没错。”国王扬起了眉毛，脸上带着满意的微笑回答道。

“当然啦，当然啦，”奥姆说，“您把自己的子民放在首位，完全正确。如果我是您，遇到这种情况，我也会像您一样做。”

房间里又传来阵阵赞同的声音。

“但是从我的角度出发，”奥姆继续补充道，“我却观察到河流的流速实际上变成了过去的两倍。当然这还需要进一步确认，但是如果情况果真如此，河水的流量其实就没有变化。所有人就都有充足的水源了。”

“但是如果流量真的减少了，该怎么办呢？”国王问道。

“陛下，河流现在位于贵国土地之上，您只管把取水的通道封锁起来好了。我们保证尊重您的决定。”

“咳！其实，如果我确信您能够信守诺言，我觉得在河水流量不变的情况下，我没有理由拒绝您临时前来取水的请求。”

他沉思良久。在此期间，奥姆并没有插嘴。最后国王说道：“其实，河水的流量并不是我拒绝您的唯一理由。还有其他原因。”

“能把这些其他的原因告诉我吗，陛下？”奥姆礼貌地问道。

“原来的河床与新的河床之间的土地是一片不毛之地，我们在此辛勤耕耘了很多年。你们的人成天在那里来来往往，必定会破坏那里的农田，会破坏我们好不容易建立起来的生态平衡。

“另外，我害怕一旦你们获得了通行权，我们两国之间的国界线就会变得模糊，双方会因此产生分歧。”

“我明白。”奥姆说，“您不想让自己国家的领土完整受到威胁，您想保证贵国北方的土地能够继续有好的收成。我说得对吗？”

“没错。”国王言简意赅，“就是这样。我们可以耕种的土地有限，因此一分一亩都少不得。”

“您的担心是有必要的，”奥姆评论道，“一国之主应当想到这一点。”

“正是如此。”国王接着说，“这是我的责任。相信我，我并非要损人利己。”

“我理解。”奥姆说。

他沉默了一会儿，接着说道：“因为我也照样担心我的子民，所以更能理解您的心情。这把我愁坏了，因为如果我不能立刻找到水源，我国的土地就会遭遇干旱，我国人民会食不果腹。由于方圆十里都找不到其他水源了，所以我一时找不到别的法子了……”

泪水模糊了他的双眼，因为他不知还能说什么。他抬起头，看着国王，对他说道："我们怎样做才能避免侵犯贵国的领土完整？才能让您的人民继续在这里繁衍生息？才能保证我们两国都能永远拥有充足的水源？我不知道答案。或许您能想出一个办法来呢？"

国王紧皱眉头，努力地思考着。在场的所有人陷入和他一样的神情，根雕先生也不例外。这如同一个谜语，而且还是一个无解之谜。

过了一阵，人群里传出了泄气的叹息声。没有人知道这道难题该如何解决。平时以聪明智慧和思维灵活著称的国王，现在也面临着人们的质疑……

"我想到了！"从国王身后传出了一个声音，喊道。

原来是根雕先生。他两只胳膊举到了半空，比画出胜利的手势。

"我想到方法了！"他兴奋地重复道。

国王转身面向他，眉毛紧蹙，说道："快说！"

"陛下，我有一个办法！"他趾高气扬地炫耀道。

"好啦，快说呀！"国王提高音量说道。

根雕先生站起身来，掏出口袋里的粉笔，在地面上画了一张两国的地图。

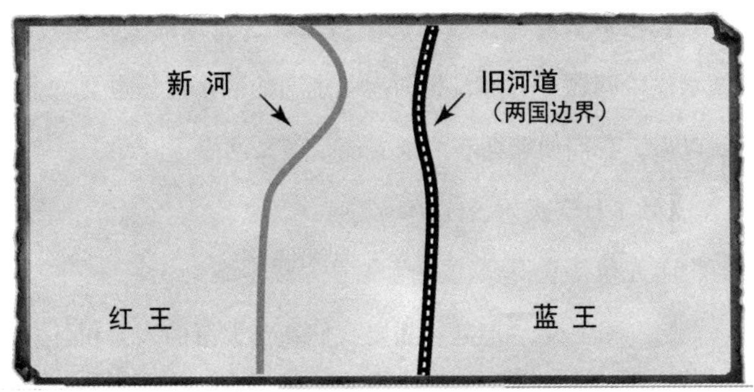

“这就是我们今天所处的情形。我们可以这样做：

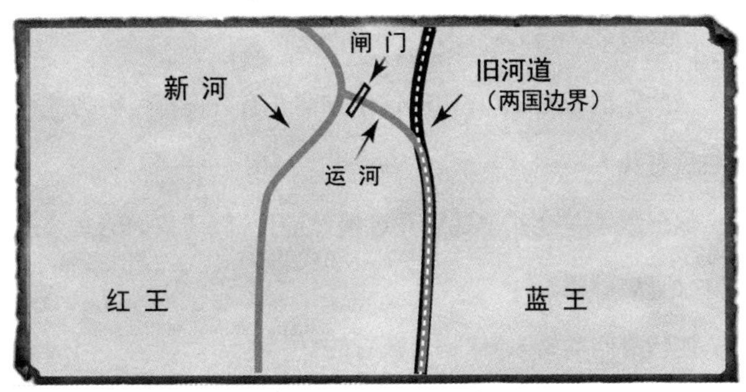

“我们可以挖掘一条运河，让一部分河水重新回到原来的河道。这样能够一举三得：首先，人不动水动，这样就不会有人踏足我们的国土，我们的领土完整就有了保障。其次，我们北方的土地会得到更好的灌溉条件，因为届时那片土地便会三面环水，这就解决了当地人民的生存问题。最后，在河水分汊的地方，我们建起一道水闸，万一将来河水流量变少，我们可以控制流往蓝王国的水流，这就保证了我国百姓的饮水供给问题。另外，我们南北走向的取水途径也会增多，从此以后，我们便能拥有两条支流，三条河岸了。”

“太妙了！”奥姆说。

根雕先生得意得涨红了脸。

“嗯，”国王说，“但是这需要我们花费大量的人力和财力。我不同意让我们的工人承担这项浩大的工程！”

这回轮到根雕先生皱起了眉头。他转身问奥姆：“您是否同意承担此项工程的全部任务？”

“当然！”奥姆说。

“好，”国王松了口，“但这个方案还有待商榷，因为这种方法只对我方有利。”

他沉默了一会儿，最后几近愤怒地说道：“我们的父亲怎么就没有想到呢？”

他转身问奥姆：“你是怎么看的？”

“我们的父亲在面临重大的分歧时，犯下了大多数人都会犯的错误。他们的感性战胜了理性。我待会儿会向您演示这场矛盾是如何升级的。”

“我迫不及待地想知道了！”国王的好奇心大发。

“怎么样？怎么样？”根雕先生已经兴奋到了极点，“你觉得我的方法怎么样？妙不可言，对不对？”

“近乎完美了。”奥姆说。

“近乎？”国王皱着眉头问道。

“是的，陛下。这个方法还差一点就成为万全之策了。”

“哪一点？哪一点？”根雕先生迫切地想知道还有什么问题需要解决。

“您希望通过控制河流岔口的闸门来保证贵国的河水供应，这无可厚非。但是我想有一件事会让我有些担忧，我觉得它会妨碍我们两国之间的和谐与和平相处。”奥姆答道，“当然问题估计不会在今天暴露，但会为我们的后代种下祸根。”

“这是怎么回事？”国王大吼。

“在这种情况下，我国百姓的生死存亡全都掌握在您的继任者的一念之间。但凡双方有了一点争执，你们就很有可能用‘切断水源’相威胁。这样的话，罪恶的齿轮便又转了起来。但我们都希望能够避免新的战争爆发，不是吗？”

“那你有什么建议呢？”国王问道，他看到奥姆在这样一条妙计里挑骨头，感到有些不快。

“我知道了！我知道了！”根雕先生站到了板凳上，打断说，“还有另一个办法！”

他太激动了，一下子失去了平衡，又摔了个四脚朝天。他的样子十分滑稽，但在这个紧要关头，谁也笑不出来。他在上一张地图旁边又画下了第二张地图：

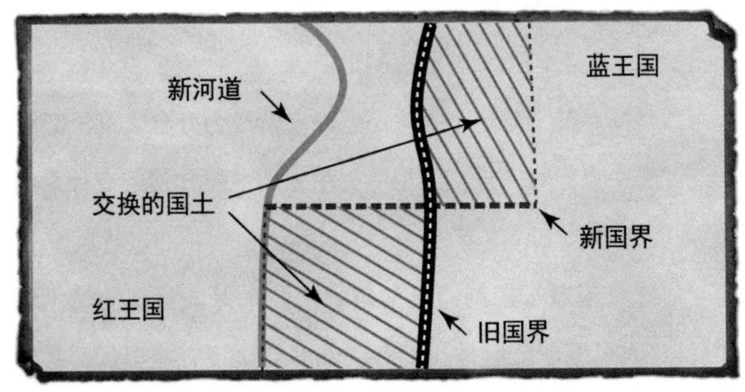

“你在开玩笑吗？”国王生气地问道，“这些补丁是什么东西？”

“陛下，”根雕先生说，“北方土地土壤肥沃，不像南方土地那样贫瘠。如果我们像地图上这样交换同等面积的土地，是符合我们的利益的：第一，我们的主权是有保障的，因为我们的边界划定得很清楚，两边互不侵犯。交换的土地都是耕地，因此不涉及人口的迁移。第二，粮食的供给问题也有了保障：北方的土地是最肥沃的。我们用一块南方的土地与对方交换，就相当于获得了一块丰收的田地。第三，我们的水供给安全也有了保障：因为我们处于上游，因此我们能够保障蓝王国的水源供给安全，因为如果我们阻断了河流，那么我们自己也会遭殃。如果我们齐心协力，便能够将旧河道的那片空间利用起来，我觉得整个版图也会变得更赏心悦目，不是吗？”

说着，他在地图上擦掉了旧河道：

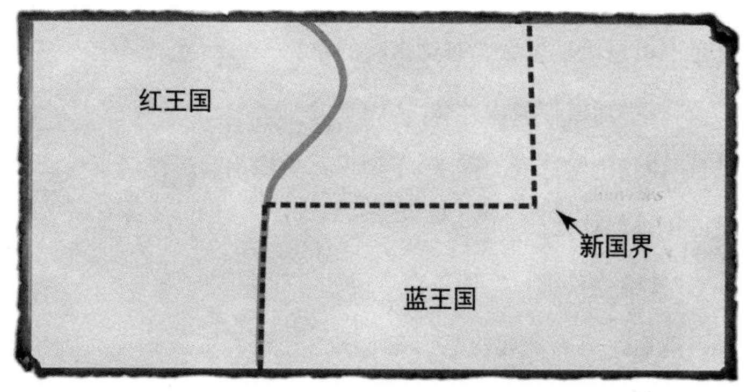

“漂亮！”红国王说。

“漂亮！”奥姆跟着也喊道。

“我们还可以把直线的部分变弯，让它看起来更漂亮一些。”红国王从根雕先生手中拿过粉笔，画了起来，“看！这是新的国界线！”

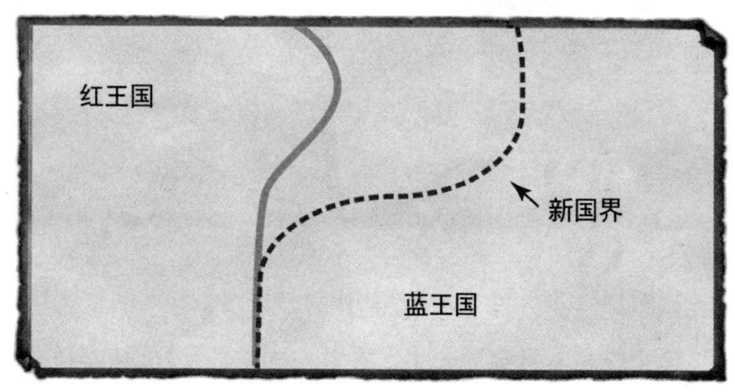

“漂亮！”奥姆赞叹道。

看了一会儿，他惊叹道，“陛下！看哪，您画出了什么！真是不可思议！怎么会有这么巧的事！”

“我不知道你要说什么。”国王说。

“让我指给您看，陛下。”说着，奥姆抬起下巴绕了一圈，试图比画出什么。

“快给他松绑！”国王命令说。

随后，奥姆拿起粉笔，在地图上补充了几笔：

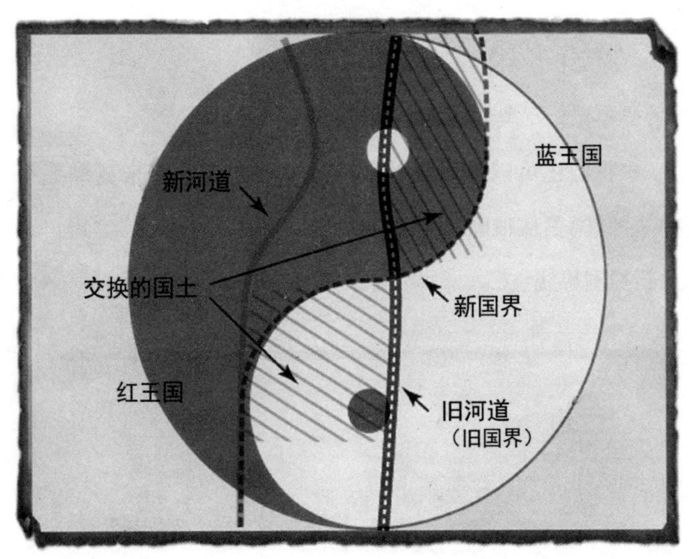

您所划分的新国界十分像阴阳符号，这是和谐的象征！

国王先是看看根雕先生，看看人群，又看看地上画的地图，最后看看奥姆。奥姆已经站回了被告的位置，并试图自己重新戴上镣铐。

“陛下，我现在任凭您的处置。”他说道。

国王犹豫了一会儿，说：“没错，如果我们想一报血海深仇，你确实该死。但同时，你刚刚又展示出了你的才干，征服了我们。就连根雕先生都开始配合你了。这证明了你的真才实学！”

根雕先生皱起了眉头，说：

“这不怪我啊……谁让他是被告！”

“我就是这个意思。”国王说，“他掌握着一种十分惊人的技艺，我也想学一学！”

“陛下，”奥姆说，“我会将这套技艺教给您，也可以教给在场的所有人。过后，我任凭您的处置。”

“你可真是个怪人啊。”国王说，“我们在谈论要怎么处决你，而你却准备好了为我们效劳。真是不可思议！真是越来越没法埋怨你、讨厌你了。另外，如果我要了你的命，那谁来和我签署协议，重新划定这样一条互利共赢的国界线呢？”

“再有，那样很可能会激起你国百姓的仇视，宣布实施新一轮的报复。我可不想触发新的战争。如果放你一条生路，我们便会收获一个盟友，而非仇敌。在这个动荡不安的时期，盟友才是无价之宝。我必须要保证我们的子子孙孙、世世代代能够生活在和平之中。就这样，我决定了。你自由了！我们会按照你的身份将你风风光光地送回家中。一周之后，我们就签署协议。”

“根雕先生，为了嘉奖你的贡献，我宣布要晋升你的法官职位，并任命你为王国总调解员，工资翻倍！”

根雕先生喜极而泣。

“好哎！好哎！”人群也开始欢呼起来，“红国王万岁，蓝国王万岁，两国和平万岁！”

等到人群安静下来，国王对奥姆说：“我还有最后一个条件！”

“什么条件？”奥姆紧张起来。

“现在就把你的技艺教给我们！”

这是奥姆第一次将智者传授给他的技艺与别人分享。他决定通过讲述自己的亲身经历这个最简单的方式将其呈现。正如当初智者教他的一样，奥姆先从预备阶段开始，他将人们心中的阴暗面揭露出来。然后，他将其余的六步技艺一步一步地讲授出来。每讲完一步，听众的脸上都豁然开朗起来，好像奥姆在他们的心中种下了光明的种子。就这样，奥姆一直讲到了黎明。

到了清晨，奥姆请求回到自己家中。在场的人们一一上前与他握手，表示感谢。奥姆意识到他已经完成了自己的使命。

现在，他已经迫不及待地想要回到他的祖国以及他深爱的王后身边了。

尾声

紫色新生活

协议签署了。人们划定了新的边界。两国的关系开启了友爱协作的新篇章。

人们采用根雕先生的想法，修建了新的运河水系来灌溉所有农田。河流上也搭起了桥梁。两国如今同休戚，共进退。

当然，人们之间或多或少还是会产生种种分歧，不论他们是哪国的国民。但好在大家都从小修习解决纷争的技艺——它从人们幼儿园开始就被列入必修课。

每当有什么难以解决的纷争、冲突一触即发时，人们就会不远万里来到这片土地，学习解决的方法。

“奥士茵蔚”河也改名为“郝德薇莎”河。纪念武力解决纷争的时代过去了，用智慧化解矛盾的时代已经到来。

两国人民往来通婚，有着美丽紫色脚掌的孩子们诞生了。

后　记

记忆锦囊

这则故事中提到的方法或许看上去十分不可思议，但是经过实践，你会发现它十分奏效。你不必听信我的言语：如果你愿意的话，就将它应用到现实生活当中，亲自判断它是否有效。

让我们来回顾一下，化解一场纷争需要经历哪些重要的步骤？

必要前提：记住“武力对抗”会适得其反。在整个与人交流的过程中，都要避免陷入解释、威胁和人身攻击的怪圈当中。

第一步：平复自己的情绪

当我们感觉内心出现了想要攻击对方的冲动时，我们需要尽力抑制住它。比如，我们可以通过故事中提到的几种方法做到这一点：

- 纠正对事实的误判；
- 通过深呼吸来分散注意力；
- 或只需收住自己想要伸出的拳头；
- 或其他任何一种可能奏效的方法。

在与人交流的过程中，每当你感到内心再次燃起了这种冲动，就需要在脑海里回顾这一步。完成这一步只需要几秒钟的时间，这大概是最难完成，也是最重要的一步。

如果你并没有攻击对方的冲动，那自然更好。你就可以直接进入下一步了。

第二步：平复他人的情绪

如果与你对话的人能够保持冷静，那就好说了，你就可以直接跳过这一步。但是如果对方不冷静呢，你又该怎么做？答案是"什么也不要做"，或者说"几乎什么也不要做"。尤其不要和对方说"你冷静点儿！"或者"你生气是没有用的！"。此时你应该遵循"不唱反调，不做评判"的原则。具体如何做到这一点呢？你可以用“同意”“好的”“是的”“没错”等来回复对方。这些字眼可以向对方传达这样一种信息：“你这样说以及你选择以这样的方式说，自然有你的道理。我愿意与你探讨这个问题。”这样做你会收获到惊人的效果：对方的情绪起初会有些波动，但随后便会逐渐稳定，直到最后慢慢平复。实现这一步，只需要你说出“我同意”的一刹那间就够了。如果你成功控制住了自己的情绪，又成功平复了他人的情绪，那就可以进入下一步了。

第三步：试着理解他人而非让他人被理解

如何做到这一步呢？最简单的方法就是“向对方提问题”。最有效的问题就是：“你为什么不同意我的观点呢？”之后便要倾听他的回答，并试着站在他们的角度看问题，甚至是设身处地地为他人的利益着想。努力去理解和接受别人的观点，而非将自己的观点强加于人。

你要学会从他们在做解释时所说的话语中寻找双方的“共识”，并欣然接受对方的观点。这是双方达成“共识”的先决条件。这时候你多一些对别人的“私心”：让自己多为对方的利益考虑！

一旦你理解了他人的想法，解决方法便会自己现身，分歧也就迎刃而解了。但通常来说，做到这一点还不够，你需要继续完成下一步……

第四步：通过复述别人的话来让对方明白“你已经理解了对方的观点”

如果你想让别人倾听你的观点，你需要先让对方发言。然后再用自己的话将你所理解的对方的观点讲一遍。之后问对方“我说得对吗？”。这样你会收获意想不到的神奇效果——对方会眉头上扬，露出满意的笑容，大赞一声“对啊！”。而后他便会闭上嘴，听你说话。复述有两个好处：第一，你可以检验一下自己是否真的理解了对方的观点；第二，让你的对话者知道自己被人理解了，进而打消继续争论的念头。

但是实现这一步有一个前提条件——不要因为用错了一个词，让你之前的努力都付之东流。这个词就是接下来这一步的关键词。这个词的使用也是一门艺术。

第五步：使用表并列的词汇提出自己的观点，而非将双反观点对立

如何做到这一点呢？你可以运用以下这些字眼，比如：就我而言、对我来说、与此同时、从我的角度出发……而不要用极其生硬的“没错，但是……”。然后等到双方都明确了对方的观点之后，问问你自己“如何才能让对方的诉求得到满足，同时又能达到自己的目的呢？”。如此一来，你就可以发挥两个人的聪明才智，来寻求解决方案。接下来，我们开始进入第六步。

第六步：提出解决方案

采用可能的双赢方案。如果我们自己找不到可行的方案，试着问问别人有没有好主意吧。然后我们可以一起针对其进行讨论。

如果找不到任何双赢的方法，我们可以采用妥协折中的方式解决问题。人们往往会接受折中的方案，因为这样至少能够建立友好协作的关系。

那么，如果连折中的方案也不存在呢？这种情况非常罕见，但并非绝不可能发生。此时，可以与对方协商，再花点时间一起探讨可能的出路。尽管最终不一定能找到解决方案，但至少维持了良好的关系。而这种良性关系对于未来协作的达成至关重要。

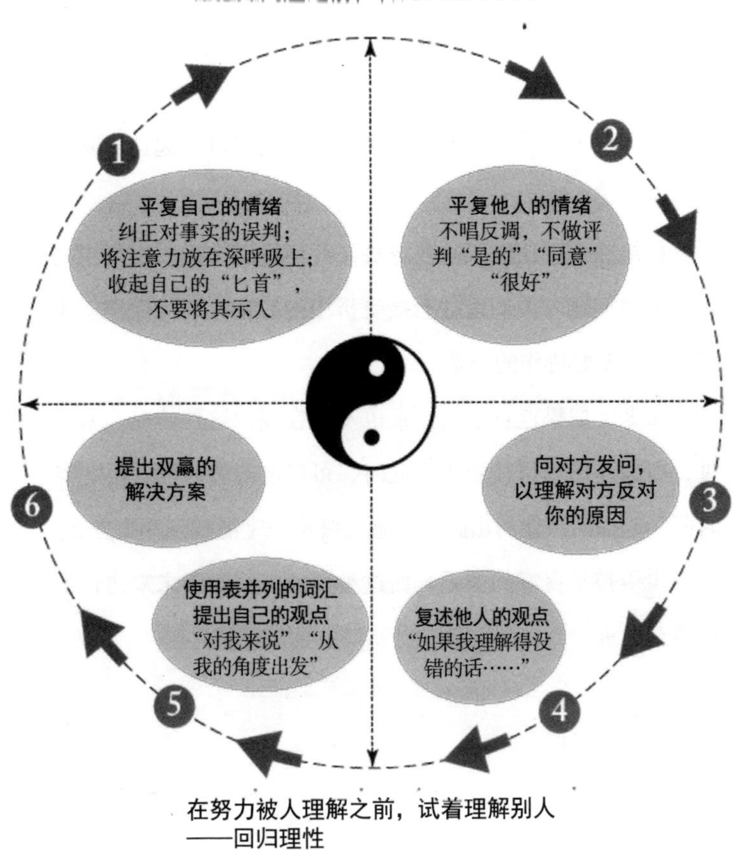
在处理问题之前，首先处理好情绪
1
平复自己的情绪
纠正对事实的误判；
将注意力放在深呼吸上；
收起自己的“匕首”，
不要将其示人
2
平复他人的情绪
不唱反调，不做评
判“是的”“同意”
“很好”
3
向对方发问，
以理解对方反对
你的原因
4
复述他人的观点
“如果我理解得没
错的话……”
5
使用表并列的词汇
提出自己的观点
“对我来说”“从
我的角度出发”
6
提出双赢的
解决方案
在努力被人理解之前，试着理解别人
——回归理性

致　谢

感谢马蒂娜·卡缪，是她给了我用童话的方式写出这本书的灵感；感激她给予我的热心支持，对我的细心聆听以及给出的宝贵意见。

感谢埃罗勒出版社的斯蒂芬妮·里克代尔和埃洛迪·杜索，是她们的信任和远见使得本书得以问世。

感谢索朗热·库西，他慷慨的资金支持使得本书问世。